多传感器配准和融合系统

邢素霞　张俊举　彭富伦　李英杰　编著

西安电子科技大学出版社

内 容 简 介

本书系统地介绍了多传感器融合系统中的图像配准和图像融合关键技术。全书共6章，主要内容包括绪论，多传感器图像配准客观评价方法，多波段图像配准与融合技术，多传感器图像融合前端光学测试系统设计与实现，图像融合的FPGA功能设计与实现，中、短波红外与激光测距融合信息感知系统设计与实现。

本书适合从事多传感器融合系统开发工作的科研人员及工程技术人员使用，也可供高等院校的研究生参考。

图书在版编目(CIP)数据

多传感器配准和融合系统 / 邢素霞等编著. --西安：西安电子科技大学出版社，2023.12

ISBN 978-7-5606-6964-9

Ⅰ. ①多… Ⅱ. ①邢… Ⅲ. ①传感器—图像处理 ②传感器—信息融合 Ⅳ. ①TP391.41②TP212

中国国家版本馆CIP数据核字(2023)第143023号

策　　划　吴祯娥
责任编辑　陈　婷
出版发行　西安电子科技大学出版社(西安市太白南路2号)
电　　话　(029)88202421　88201467　　邮　　编　710071
网　　址　www.xduph.com　　电子邮箱　xdupfxb001@163.com
经　　销　新华书店
印刷单位　咸阳华盛印务有限责任公司
版　　次　2023年12月第1版　2023年12月第1次印刷
开　　本　787毫米×1092毫米　1/16　印张　10.25
字　　数　213千字
定　　价　45.00元

ISBN 978-7-5606-6964-9 / TP

XDUP 7266001-1

前　言

自20世纪70年代以来，图像融合技术已成为世界各国的研究热点。图像融合技术是夜视技术的一个重要分支。多传感器图像融合(如多波段红外、可见光、微光、紫外等融合)将所获取的关于同一场景的多传感器图像加以综合，生成一个新的有关此场景的图像，得到的融合图像中包含的信息比单一传感器图像更加丰富，能够更准确、更全面地表征所在环境下的图像信息，有利于后续的图像处理与分析。而图像配准技术是影响多传感器融合系统成像质量的关键因素。

红外与微光(或可见光)融合是多传感器图像融合技术的发展主流，在军用和民用领域发挥着越来越重要的作用。本书基于作者多年研究图像配准和图像融合技术的工作经验，并结合多传感器融合系统开发中遇到的关键技术问题编写而成，以期对从事多传感器融合系统开发工作的科研人员及工程技术人员有所帮助。

本书将图像配准和图像融合理论与实际应用相结合，更加关注图像配准与融合技术的硬件实现。从实用角度出发，本书系统地介绍了多传感器融合系统中的图像配准和图像融合关键技术。本书共6章，第1章介绍了图像配准技术、图像融合技术以及多传感器融合系统研究现状；第2章介绍了一种多传感器图像配准客观评价方法；第3章介绍了一种多波段图像配准与融合技术；第4章介绍了多传感器图像融合前端光学测试系统的设计与实现方法；第5章阐述了图像融合的FPGA功能设计与实现过程；第6章介绍了中、短波红外与激光测距融合信息感知系统的设计与实现方法。

本书由北京工商大学邢素霞，南京理工大学张俊举、彭富伦、李英杰共同编著。邢素霞完成统稿工作，并负责编写第1、2、3、5章；张俊举编写第4章；李英杰和彭富伦共同编写第6章。

在本书的编写过程中，我们参考了一些文献的观点和素材，在此向相关文献的作者表示感谢。此外，窦亮在本书的整理过程中给予了大力支持和帮助，在此深表谢意。

由于作者水平有限，本书难免存在不妥之处，敬请专家和读者批评指正。

作　者

2023年5月

目 录

CONTENTS

第1章　绪　论

1.1 研究背景和意义

夜视技术是借助光电成像器件，将人眼感知不到的辐射能量转换成人眼能够识别的光信号，并最终实现夜间观察的光电技术。该技术应用于军事对抗时，可无视昼夜更迭，为实现全天候无间断的军事打击提供了重要的技术支撑。冷战结束后，美军提出了未来作战中需要具备的七种能力，其中前两种与夜视技术和融合技术密切相关，即能将全球监视系统、通信系统以及有关的数据合成系统集中于某一战区，形成信息优势，在全天候条件下能有效突破敌军防线，识别和打击敌军的固定目标和机动目标。1991年的海湾战争中，装备了先进红外夜视器材的美军坦克部队能够发现1 km外的伊拉克军队的坦克，并开炮射击，而伊拉克军队因为缺乏夜视装备，只能凭感觉盲打，最终损失惨重。海湾战争中出现的各种现代高科技军事装备和新型作战理论，对各国的军事战略、军备建设和军队训练等产生了深远的影响。为了加强夜间作战能力，我国开始大力发展夜视技术。

图像融合技术是夜视技术的一个重要分支。多传感器图像融合(如多波段红外、可见光、微光、紫外等融合)将所获取的关于同一场景的多传感器图像加以综合，生成一个新的有关此场景的图像，得到的融合图像中包含的信息比单一传感器图像更加丰富，对目标的表征也更加准确。因此，人们利用图像融合技术能够增强场景理解，有利于提高对目标的探测能力。鉴于以上优点，越来越多的多传感器融合系统被开发并应用于夜视作战中。

图1.1所示为图像融合的处理流程。多源图像融合主要分为像素级图像融合、特征级图像融合和决策级图像融合三种。像素级图像融合在预处理、信息量、信息损失和分类性等方面性能最优，而特征级和决策级图像融合的性能相对较差。像素级图像融合是最基本的图像融合方法，是其他高层次图像融合的基础，它在融合处理的难易程度上最为复杂，对器件的依赖性最高，抗干扰能力最差。考虑到图像融合的主要目的在于集成多源图像中的冗余信息和互补信息，凸显图像目标细节，强化对图像的理解和分析，本书所述的图像融合均指像素级图像融合。

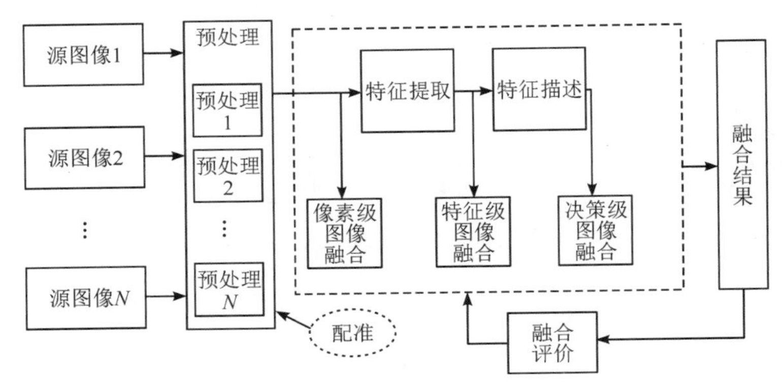

图 1.1 图像融合的处理流程

研究发现，多传感器融合系统的成像质量与图像配准精度密切相关。当多传感器图像高度配准时，融合图像的质量较好；反之，融合图像会出现清晰度较低、边缘模糊的缺点。图 1.2 给出了一个示例，当多传感器图像高度配准时，融合图像具有较好的场景表现能力和目标探测能力，而当多传感器图像未配准时，融合图像较模糊，场景表现能力和目标探测能力较差。图中的图像融合方式为基于拉普拉斯(Laplace)金字塔算法的色彩传递融合。该示例很好地表明了图像配准在多传感器图像融合领域的重要性。为了提升多传感器图像的配准精度和融合质量，研究人员开展了基于多传感器融合系统的配准技术研究。

(a) 中波红外图像

(b) 短波红外图像

(c) 直接融合图像

(d) 配准后的融合图像

图 1.2 图像配准精度对融合质量的影响示例

图像配准是指对不同时间、不同传感器或不同视角的同一场景的两幅或者多幅图像进行匹配、叠加的过程。图像配准的目的是确保融合系统最终输出的融合图像具有较好的背景细节和目标显著性。当参考图像和待配准图像高度配准时，融合图像的背景细节清晰，目标显著性高，易于被观测者发现、识别，图像色彩也更加自然逼真；若出现误匹配，则融合图像的质量会降低，不利于观测者进行观察。如何判断图像的匹配程度，成为衡量图像配准算法性能的关键。近年来，越来越多的研究人员将研究重心放在图像配准评价指标上，但是目前尚未出现被人们广泛接受的符合人眼视觉感知的评价指标。因此，夜视领域的多传感器图像配准评价问题也是研究重点。

图像配准作为一个重要的预处理过程，广泛地应用于图像融合、图像拼接以及遥感地形图更新等领域。随着多传感器光电探测系统向着高精度、全天候、多功能等方向发展，红外成像技术不断发展和日趋成熟，越来越多的光电系统选择多波段传感器结合激光测距装置来实现可疑目标的探测和跟踪，并利用得到的目标信息(如位置、速度等信息)完成火控、导弹系统的导引功能。多传感器图像融合因在夜视侦察、观瞄制导等方面具有较大的应用潜力而成为近年来的研究热点。图像配准方法作为影响融合图像质量的一个重要因素，被越来越多的研究人员关注。目前融合系统常用的配准方法有前端光学结构校正和后端图像算法配准两种。前者通过校正融合系统中各探测器的光学参数来实现图像的粗配准，后者通过相应的图像配准算法来实现图像的精配准。通过这两方面的研究，最终达到确保多传感器融合系统具备较高的图像配准精度的目的。

综上所述，如何进行高效的图像配准，并利用图像配准结果进一步改进图像融合技术，进而研制出高性能的多传感器融合系统，具有重要的研究意义和广阔的应用前景。

1.2　图像配准技术研究现状

图像配准广泛应用于目标检测、模型重建、运动估计、特征匹配、肿瘤检测、血管造影、航空侦察等领域。针对不同的应用领域及不同的具体问题，图像配准算法的结构和性能也不尽相同。然而这些图像配准算法目的相同，即在规定的变换空间内寻找一种最佳变换，确保待配准的两幅图像之间达到某种意义的匹配。根据待配准图像之间的关系，Brown将图像配准分为基于多传感器的图像配准、基于模板的图像配准、基于多角度的图像配准和基于时间序列的图像配准四类。

1. 基于多传感器的图像配准

基于多传感器的图像配准是指不同传感器对同一场景图像间的配准，是多传感器图像融合的先决条件。该类图像配准的特点是利用图像的灰度信息、边缘特征及物体外形来建立多传感器之间的变换关系。该类图像配准主要应用于医学领域的电子计算机断层扫描图像(CT)、磁共振图像(MRI)、正电子发射型计算机断层显像图像(PET)之间的融合，也被广泛地应用于遥感图像领域的雷达、微波或者多波段图像融合以及夜视监控领域的红外、可见光、紫外图像融合。

2. 基于模板的图像配准

基于模板的图像配准是指在待配准图像中寻找标准模板的配准。它通过识别和定位特定的模板来有效地识别地图、物体以及目标。该类图像配准的特点是根据模板预先选定需要的特征信息，如角点、图像的纹理等。该类图像配准主要应用于遥感数据的处理，如定位和识别航母、火车、军事基地、政府大楼等已知的特征场景，也可应用于波形分析、模式识别、符号确认等领域。

3. 基于多角度的图像配准

基于多角度的图像配准是指对不同观察点获取具有不同视场角的图像的配准。该类图像配准的特点是变换模型多采用透视变换，需要考虑物体之间的遮挡问题。该类图像配准常用于图像的深度或形状的重建，如计算机视觉领域的三维重构和目标重建，或从不同角度对运动目标进行轨迹跟踪和分析等。

4. 基于时间序列的图像配准

基于时间序列的图像配准是指在不同时间(跨度一般较久)或不同条件下获取同一场景图像的配准。该类图像配准可对检测区域的变化进行有效的监控和分析。该类图像配准的特点是图像某区域的灰度信息会随时间变化而产生差异和形变，从而影响图像配准的准确性。该类图像配准主要应用于医学图像处理领域的数字剪影、血管造影前后图像的配准，也可应用于遥感数据处理领域的自然资源监控。

1.3 图像融合技术研究现状

随着信息融合技术的发展，图像融合技术逐渐进入人们的视野。20世纪80年代初，有人将图像融合技术应用于多光谱遥感图像、红外可见光图像以及多聚焦图像等领域的图像处理中。20世纪80年代中期，Burt首先将Laplace金字塔融合技术应用于图像融合领域，开启了图像融合的新纪元；Adelson采用同样的方法将由同一相机获取的不同焦距的图像合成了一幅多聚焦融合图像，从而使图像具有更宽广的景深，包含更多清晰的图像信息；Chiche等人提出了将SPOT卫星图像中的全色光(PAN)通道与多光谱(MS)模式结合起来增强图像的敏锐效果的方法，此方法成为遥感领域提高多光谱图像空间分辨率的常用方法。20世纪80年代末，Ajjimarangsee和Huntsberge提出了基于神经网络的融合方法，实现了红外与可见光图像的融合；随后，Toet等人又提出了低通比率金字塔和对比度金字塔融合方法，并将其成功应用于红外与可见光图像的融合。20世纪90年代后，Li等人和Chipman等人提出将离散小波变换应用于图像融合；其后，也有许多学者提出了其他形式的小波变换，如Koren等人提出的可控二值小波变换。和金字塔变换不同的是，小波变换是非冗余的，具有较好的方向性，正交小波变换还可以去除两个相邻尺度上图像信息间的相关性。近年来，多尺度几何分析融合和区域融合法逐步发展起来。J. C. Emmanuel等人相继提出了脊波变换(1998年)、单尺度脊波变换(1999年)和Curvelet变换(1999年)。小波变换法在表征具有高维奇异性几何特征的图像方面存在一定的不足，而多尺度几何分析融合能够较好地弥补这一缺陷。但多尺度几何分析融合计算复杂度较高，目前在图像处理领域的应用尚处于尝试阶段。区域融合法是一种基于区域分割的特征级图像融合方法，它能够较好地克服像素级图像融合对图像噪声和图像配准敏感度高的缺点。此外，各类彩色图像融合法(如HIS融合法、PCA融合法、TNO融合法等)的研究也呈现上升趋势。

目前，美国对于图像融合技术的研究处于相对领先地位。早在20世纪80年代，美国就将图像融合技术列为其重点研发的关键技术之一。1994年，美国首先开发出一套便携式实时多光谱成像融合系统，它的诞生代表着图像融合技术开始进入现代战场；1998年，麻省理工林肯实验室建立了基于生物视觉系统的实时微光与红外彩色融合系统的硬件平台，彩色融合系统开始登上历史舞台；2003年，美国Equlnox公司又研制出“超低功耗增强微光和红外的彩色图像融合”的硬件产品，并开发了用于可见光和红外热图像的实时彩色视频融合系统的产品DVP-3000和DVP-4000。至此，图像融合技术发展得越来越成熟。在我国，中国科学院、浙江大学、南京理工大学、北京理工大学、上海交通大学等高校和部分研究所也在从事图像融合技术的研究工作，并相继取得了一定的研究成果。例如，北京理工大学倪国强教授等人已成功研制出可见光与红外双通道的高速融合系统，并研发了基于双DSP的实时近自然彩色融合处理板；李勇量等人提出了采用CPLD(可编程逻辑器件)实现实时图像融合系统的方法；王强等人提出了红外与微光图像融合的小型实时DSP处理平台实现方法等；南京理工大学的柏连发、张毅、陈钱等人提出了在立体显示过程中实现双光谱图像的假彩色融合方法、基于灰度空间相关性的图像融合方法等。

相比于国外先进的研究水平，我国的图像融合技术研究尚处于起步阶段，多数研究工作只是理论性的探索和预研，缺乏具有独特思路的创新，而且真正能够产品化的图像融合系统或平台更是稀缺。因此，我国的图像融合技术仍需要投入更多的努力。

1.4 基于FPGA的融合技术

利用图像融合技术可以从多幅图像中抽取出比任何单一图像更为准确可靠的信息。由于图像融合技术的算法复杂度一般较高，因此要求处理器具有较强的运算能力。传统的视频图像处理技术主要用PC来进行实时图像处理，本质上是顺序执行指令的，无法实现并行处理，从而导致实时性不尽如人意。数字信号处理的专用芯片也可用来进行实时图像处理，由于其采用哈佛结构，数据与程序空间是相分离的，因此比较适合做复杂的算法，并具有一定的并行处理能力，相比 PC 有一定优势。不过随着现代图像处理系统新需求（如实时压缩（H.264）高清视频）的出现，DSP 已无法满足巨大运算量的要求。图像的实时性成为图像融合算法硬件实现的一大瓶颈。因此，需要一种新的开发环境，以满足实时视频图像融合技术的新要求。

FPGA（Field Programmable Gate Array，可编程逻辑门阵列）是在 PAL、GAL、CPLD 等可编程器件的基础上进一步发展的产物。作为专用集成电路（ASIC）领域中的一种半定制电路，FPGA 的出现既解决了定制电路灵活性不足的问题，又克服了原有可编程器件门电路数有限的缺点。FPGA 器件具有集成度高、体积小、功耗低等特点，可以由用户自行编程实现专门的应用功能。目前，绝大多数 FPGA 器件都采用了基于 SRAM 的查找表结构，其内部容量已经跨过百万门级，这也使 FPGA 成为了解决系统级设计的重要选择方案之一。FPGA 融合芯片如图 1.3 所示。

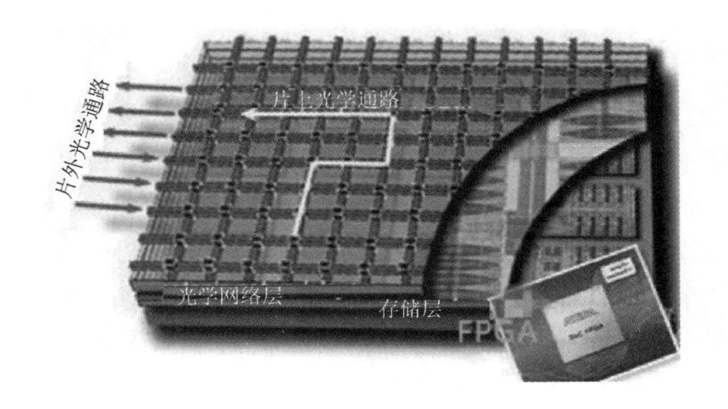

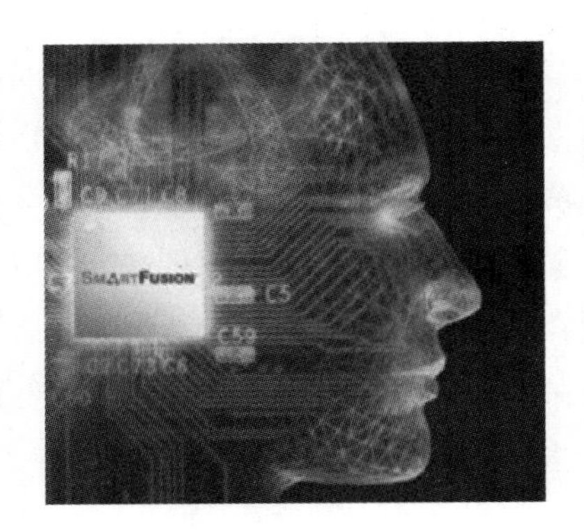

图 1.3　FPGA 融合芯片

近些年来，半导体工艺的不断进步使得 FPGA 不仅摆脱了传统观念中价格昂贵的标签，而且性能显著提升，同时集成了一些新的硬件资源，比如内嵌 RAM 块、DSP 块、锁相环（PLL）、高速外部存储器接口等。作为一个平台，FPGA 非常适合高性能的视频和图像处理技术。由于 FPGA 具有大容量、灵活性及并行处理能力等特点，用 FPGA 来做实时图像处理的速度比用 PC 和数字信号处理芯片更快。FPGA 可以实现 SoPC（可编程片上系统）开发，帮助用户自主定制特定的系统，缩短产品的研发周期，快速做出有自己特色和自主知识产权的产品。所以，越来越多的人开始利用 FPGA 来进行图像融合的研究。

FPGA 实时图像融合算法（红外与可见光图像融合系统）的研究对 FPGA 图像融合系统的开发至关重要。相比于普通融合系统，采用高性能 FPGA 的融合系统的算法运行效率更高，融合图像的实时性突出，并且拥有更小的体积和更低的功耗。图 1.4 所示为采用 FPGA 的军用便携式融合系统及融合效果。因此，FPGA 环境下的实时图像融合算法的研究具有重要的现实意义与广泛的应用前景。

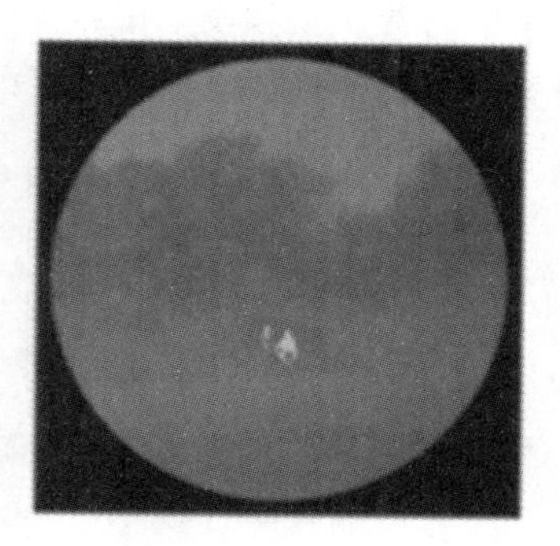

图 1.4 采用 FPGA 的军用便携式融合系统及融合效果

1.5 多传感器融合系统研究现状

多传感器融合系统是视频监控领域的研究重点。随着图像融合技术的日趋成熟，国内外先后开发出了大量应用于不同领域的多传感器融合系统。

1. 国外研究现状

美国作为最早拥有图像融合技术的国家，已经将多传感器融合系统应用于军事、车载、工业探测等各个领域。

美国 FLIR 公司的图像融合产品以车载、船载和机载系统为主，融合系统内嵌可见光 CCD、红外热像仪、激光测距仪等多种传感器。其中的 Talon 系统具有连续变焦功能，可以支持超长距离的目标监控、跟踪，优秀的探测器前端和高效的图像融合算法保证了融合图像的质量；Star SAFIRE HD 系统在原有系统的基础上加入了短波红外探测器、紫外探测器、微光夜视相机等多种探测器，可以保证系统能够全波段、全天候不间断工作。Talon 系统实物图及融合效果如图 1.5 所示。

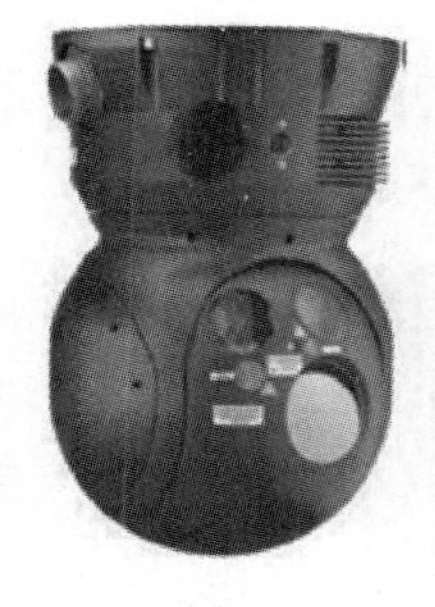

(a) Talon系统实物图

(b) CCD图像

(c) 融合图像

图 1.5 Talon 系统实物图及融合效果

在小型化应用上，美国 FLUKE 公司处于行业内的领军地位。该公司推出的 IR-Fusion

技术可用于工业中的建筑物检测、仪器探伤。该技术的图像融合算法中添加了伪彩色映射，可确保用户看到较为明显的目标特征。FLUKE 公司的 TiS60＋热像仪实物图及融合效果如图 1.6 所示。

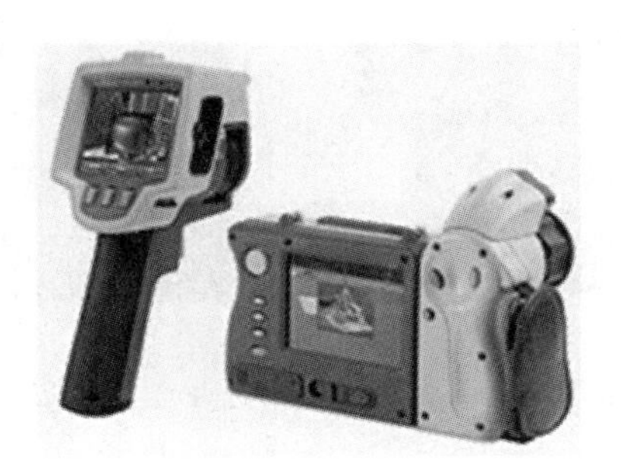

(a) TiS60+热像仪实物图

(b) 可见光图像

(c) 红外图像

(d) 融合图像

图 1.6　TiS60＋热像仪实物图及融合效果

欧洲一些国家在多传感器融合系统的研制上紧跟美国的步伐，并且突出了自身优势，确保了多传感器融合系统的多元化发展。

法国哈基姆公司生产的 CM3 系列多传感器融合系统包括红外、CCD 和激光三种探测器，具有 8 倍连续变焦、图像边缘增强、图像降噪、昼夜图像融合、机械稳像、远程监控等功能。CM3 系列多传感器融合系统实物图如图 1.7 所示。

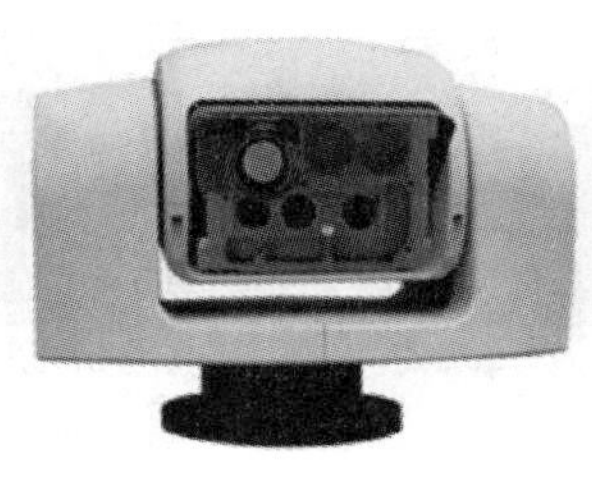

图 1.7　CM3 系列多传感器融合系统实物图

比利时DEP公司研制的单兵作战多传感器融合系统ClipIR应用先进的夹持式红外技术，将红外探测器获取的目标图像利用投影技术投射到夜视仪的镜头前方，从而提供背景清晰且目标显著的融合图像。ClipIR系统实物图及融合效果如图1.8所示。夹持式红外技术需要确保红外投影图像与夜视仪捕获的图像具有极高的配准精度，因此对产品的光学结构有非常高的要求。

图1.8　ClipIR系统实物图及融合效果

荷兰国家应用科学院的A. Toet等人设计了一款名为“壁虎”的便携式实时彩色夜视系统。由于该系统在较暗的光线下依然能够实现彩色成像，因此将其命名为“壁虎”系统。“壁虎”系统包含两个图像增强器、两个探测器、一块半透半反镜(透可见光，反近红外)和一块近红外反射镜，通过半透半反镜和近红外反射镜可以构建出一个简单的共光轴光学结构。“壁虎”系统的传感器模块采用共光轴光学结构来配准可见光和近红外图像。“壁虎”系统实物图如图1.9所示。

图1.9　“壁虎”系统实物图

2. 国内研究现状

相比国外多传感器融合系统的多样性，我国多传感器融合系统的研制和开发还处于起步阶段。尽管如此，目前我国已研制出一些性能较为突出的应用于夜视监控领域的多传感器融合系统。

北京理工大学研制的基于微光、红外的实时色彩传递图像融合系统通过构建平行光轴前端光学结构，结合高性能DSP处理芯片，将色彩传递融合算法进行了硬件实现。图1.10给出了该系统实物图及融合效果。

(a) 光学前端

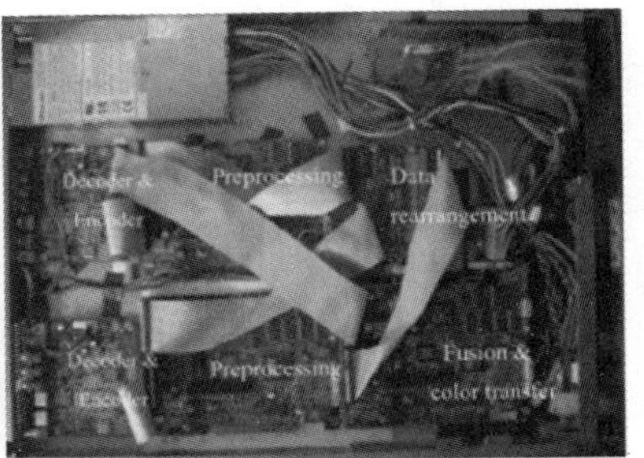

(b) 核心处理电路

(c) 微光图像

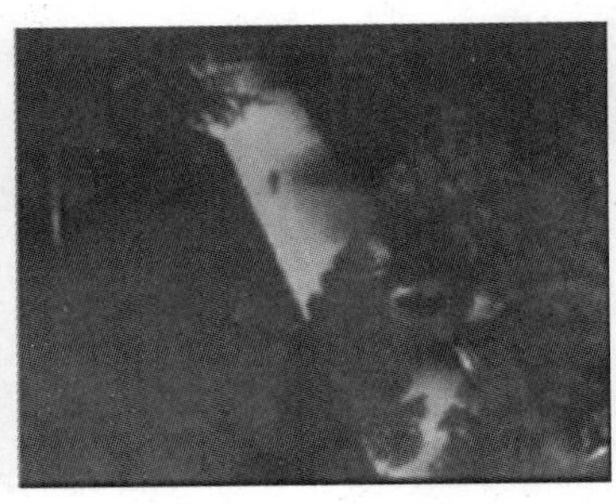

(d) 红外图像

(e) 融合图像

图 1.10 基于微光、红外的实时色彩传递图像融合系统实物图及融合效果

南京理工大学研制的红外、微光/可见光融合的信息感知系统采用平行光轴前端光学结构，将可见光 CCD、红外热像仪和微光电视进行结合，利用 DSP 芯片设计了图像融合高速处理电路，将 Laplace 金字塔融合及基于查找表的色彩传递算法进行了硬件实现。该系统具有相同视场和不同视场的图像融合，自动扫描和侦察，目标距离估算，全景图像无缝拼接，宽、窄视场快速切换，清晰成像，昼夜视频监控等 14 种功能，能够有效地提取和综合各自特征信息，增强和凸显目标，提高目标的发现和识别概率，是我国最早的三位一体的图像融合系统。图 1.11 所示为红外、微光、可见光融合的信息感知系统实物图及融合效果。

通过研究可以发现，目前多传感器融合系统正朝着多元化、高性能的方向发展。同时，越来越多的高性能多传感器融合系统已经取代了单一传感器系统，被广泛应用于各个领域。尽管国内外在研制各种多传感器融合系统方面取得了长足的进步，但是多传感器图像的配准问题依然是决定融合图像质量优劣的关键。以红外、微光/可见光融合的信息感知系统为例，通过比较图 1.11(d)、(e)、(f)，可以发现红外和可见光图像并未高效配准，导致融合图像边缘模糊。此外，在系统设计过程中也出现了系统转动精度低、电磁干扰较强、线路绞缠等问题。在多传感器融合系统的设计中，这些问题有待解决和改善。

(a) 前端光电转台

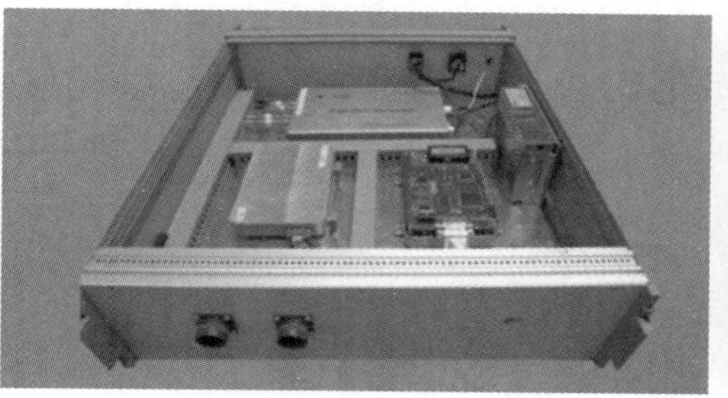

(b) 图像处理模块

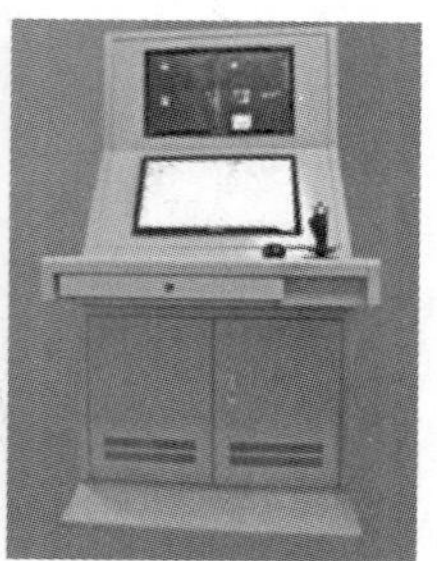

(c) 上位机操作平台

(d) 可见光图像

(e) 制冷长波红外图像

(f) 融合图像

图 1.11 红外、微光/可见光融合的信息感知系统实物图及融合效果

1.6 应用前景

目前，多传感器图像配准与融合是图像处理领域中的重点研究内容之一，本书所述的多传感器配准与融合系统既能够提供互补信息，发挥红外图像对热目标敏感、探测距离远、穿透能力强等特点，又能保持可见光图像对比度高、目标细节明显、激光测距精确等优势，在安防监控、温度测量、故障检测、医疗诊断以及军事目标侦察中都具有重要的应用。例如，在雨雾天气时，使用该系统可以实现车辆辅助驾驶的功能；在治疗中，可以帮助医生更好地进行医学观察，从而为医学诊断、制定治疗方案以及对人体功能和结构的研究提供更充分的信息；在军事上，可对洲际导弹进行探测、识别、跟踪，对伪装目标进行战术侦察

等。红外与可见光图像融合技术的相关研究在经济社会生活中占据着较为重要的位置。

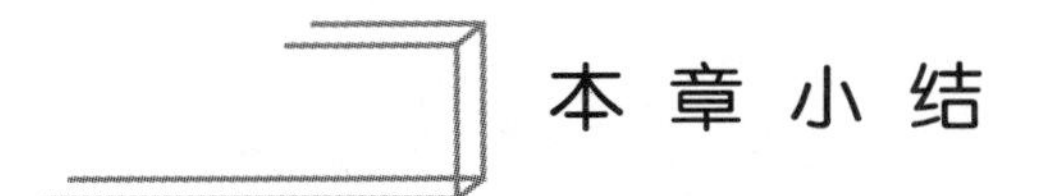

本章小结

本章从多传感器配准技术与图像融合技术的研究现状出发，介绍了一款高速数字信号处理芯片 FPGA。FPGA 在图像配准和融合中有着独特的优势，为多传感器融合系统的应用提供了条件。以 FPGA 和 DSP 技术为基础，欧美一些国家在多传感器融合系统上的研究技术较为超前，我国也有很多相关的研究机构开发出了技术领先的产品，在许多领域有广泛的应用前景。

本章参考文献

[1] 张俊举．微测辐射热计焦平面阵列的成像系统研究[D]．南京：南京理工大学，2006.

[2] 袁铁慧．红外与可见光图像融合及评价技术研究[D]．南京：南京理工大学，2012.

[3] 闵超波．红外视频运动目标分割与融合检测技术研究[D]．南京：南京理工大学，2015.

[4] ZITOVÁ B, FLUSSER J . Image registration methods: a survey[J]. Image and Vision Computing, 2003, 21(11): 977 - 1000.

[5] WONG A, CLAUSI D A. ARRSI: Automatic registration of remote-sensing images [J]. IEEE Transactions on Geoscience and Remote Sensing, 2007, 45: 1483 - 1493.

[6] LIU Y, YU F H. An automatic image fusion algorithm for unregistered multiply multi-focus images[J]. Optics Communications, 2015, 341: 101 - 114.

[7] 余先川，吕中华，胡丹．遥感图像配准技术综述[J]．光学精密工程，2013，21(11)：2960 - 2972.

[8] 张俊举，常本康，张宝辉，等．远距离红外与微光/可见光融合成像系统[J]．红外与激光工程，2012，41(1)：20 - 25.

[9] 王雷，李永恒．光电系统光轴平行度校准方法研究[J]．火炮发射与控制学报，2013，3：72 - 76.

[10] 陆君，吕彤光．光电探测技术在火控系统中的应用及发展[J]．红外与激光工程，2012，41(4)：1047 - 1051.

[11] LI Q, WANG G, LIU J, et al. Robust scale-invariant feature matching for remote sensing image registration[J]. IEEE Geoscience and Remote Sensing Letters, 2009, 6(2): 287 - 291.

[12] AITKEN C L, FAAIZA M, GEORGEANN M G, et al. Tumor localization and image registration of F-18 FDG coincidence detection scans with computed tomographic scans[J]. Clinical Nuclear Medicine, 2002, 27(4): 275-282.

[13] BENTOUTOU Y, TALEB N, MEZOUAR M C E, et al. An invariant approach for image registration in digitalsubtraction angiography[J]. Pattern Recognition, 2002, 35(12): 2853-2866.

[14] 王章野. 地面目标的红外成像仿真及多光谱成像真实感融合研究[D]. 杭州: 浙江大学, 2002.

[15] 陈小林, 王延杰. 非下采样变换的红外与可见光图像融合[J]. 中国光学, 2011, 4(05): 489-496.

[16] 初新怡. 可见光与红外数字图像融合系统设计和实现[D]. 南京: 南京理工大学, 2012.

[17] 骆媛, 王岭雪, 金伟其, 等. 微光(可见光)/红外彩色夜视技术处理算法及系统进展[J]. 红外技术, 2010, 32(06): 337-344.

[18] 倪国强, 肖蔓君, 秦庆旺, 等. 近自然彩色图像融合算法及其实时处理系统的发展[J]. 光学学报, 2007, 27(12): 2101-2109.

[19] 王强, 倪国强, 舒先标. 红外与可见光图像融合的小型实时DSP平台实现[J]. 光学技术, 2008, 34(1): 71-74.

[20] 柏连发, 张毅, 钱惟贤, 等. 脉冲红外激光助视夜视技术研究[J]. 红外与激光工程, 2005, 6(34): 677-695.

[21] 张毅, 张保民, 柏连发, 等. 双谱图像立体彩色融合显示[J]. 红外与激光工程, 2003, 6(32): 640-642.

[22] 刘奇峰, 曾庆立, 章枭枭, 等. 基于FPGA的视频图像处理系统设计[J]. 信息系统工程, 2010, 202(10): 29-30+24.

[23] TOET A, HOGERVORST M A. Progress in color night vision[J]. Optical Engineering, 2012, 51(1): 010901.1-010901.19.

[24] 史世明, 王岭雪, 金伟其, 等. 基于YUV空间色彩传递的可见光/热成像双通道彩色成像系统[J]. 兵工学报, 2009, 30(1): 30-35.

[25] 张宝辉. 红外与可见光的图像融合系统及应用研究[D]. 南京: 南京理工大学, 2014.

[26] 姜斌. 红外与可见光图像融合系统研究[D]. 南京: 南京理工大学, 2012.

[27] 孙斌. 红外与可见光图像融合及并行信号处理技术研究[D]. 南京: 南京理工大学, 2016.

[28] 杨锋. 多DSP图像融合算法设计及优化[D]. 南京: 南京理工大学, 2015.

第2章 多传感器图像配准客观评价方法

2.1 概　　述

由于不同探测器的位置、镜头参数不同以及光轴不平行，因此采集到的图像在融合前需经过图像配准处理。当参考图像和待配准图像高度配准时，融合图像的质量最好，一旦出现误匹配，融合图像的质量便会降低。因此如何客观评价图像配准算法的优劣，成为决定融合系统性能的关键。在具体应用中，判断图像配准算法是否满足应用需求有着重大的意义。未经过评价的图像配准算法是不具有说服力的。然而由于输入图像性质的不同，因此不同算法在不同领域应用时表现出的性能也不同。特别在夜视监控领域，由于中、长波红外探测器与可见光、短波红外探测器的成像原理截然不同，所生成的图像存在明显的灰度差异，很多情况下不存在基准数据集合，也就是常说的Ground Truth，因此，评价此类图像的配准精度尤为困难。常用的图像配准客观评价方法有以下几种。

1. 基于几何误差的评价方法

基于几何误差的评价方法是将一幅经过人为变换(平移、缩放、旋转)的图像与原图像进行配准，通过计算机仿真各种待评价的图像配准算法，得到配准后的图像与原图像的变换关系。通常认为结果与人为变换的图像更加接近的方法比较优秀。但是在实际操作时，会出现以下两个问题：

(1) 仅仅通过几何误差来表述图像配准算法是可以的，但是很难比较哪种配准算法更优秀。例如人为变换是将图像水平移动了一个像素，旋转了1°，A配准算法计算出的变换关系是水平没有移动，旋转了1°，B算法计算出的变换关系是水平移动了一个像素，没有旋转，那么此时单从几何误差是很难判断两种图像配准算法的优劣的。

(2) 由于夜视监控图像来自不同传感器，并不是简单地将其中一幅图像进行人为变换之后再配准，不存在基准数据集合，因此根本无从计算几何误差。

2. 基于灰度信息的评价方法

随着用均方根误差来表征图像结果的精度，越来越多基于图像灰度信息的指标应用于图像配准质量的客观评价。基于互信息最大化的图像配准技术在医学图像配准领域得到成功应用后，延伸至其他多传感器图像配准应用中。因此，多传感器图像间的归一化互信息(NMI)指标也成了多传感器图像配准的一个重要的全局指标。NMI 指标具有对图像间重叠区域大小不敏感的特征，虽然在单一传感器图像配准中获得了较好的效果，但是对于多传感器图像配准仍易陷入局部极值，影响图像配准质量。此外，归一化互相关指标(NCC)也常用于多传感器图像配准的客观评价。

3. 基于特征信息的评价方法

针对一些特殊的多传感器图像，比如包含运动目标的红外、可见光图像的配准，可以将目标信息作为图像配准的依据。G. A. Bilodeau 等人提出了以目标重合率作为客观评价多传感器图像目标配准情况的一个局部评价指标，通过讨论运动目标的图像配准情况来分析多传感器图像的配准效果。但是在实际应用中，由于忽视了背景细节的影响，导致该指标的客观评价结果与主观评价结果相差很大，因此不能很好地评价多传感器图像配准算法的性能。同时一旦视频或者图像中没有此类目标，就无法进行图像配准的有效评价。

4. 主观评价

主观评价是指寻找一定数量的观测者，对由不同图像配准算法得到的配准图像进行观测，并通过人脑分析配准结果的优劣。这种算法的主观性强，符合人眼视觉感知，但是评价结果会因为观测者群体不同受到较大影响，同时主观评价耗费大量的人力物力以及时间，并不适用于系统集成。

综上所述，目前针对多传感器融合系统的图像配准客观评价方法存在以下问题：

(1) 图像的客观评价结果与主观感知关联性较差，与主观评价结果不一致。

(2) 影响彩色融合图像质量的因素较多，仅考虑图像灰度特性、图像色彩特性以及图像目标特性中的某一种并不能够全面地评价图像配准算法的优劣。

能够全面地衡量配准后得到的融合图像融合质量的方法应该包含 3 个评价指标：边缘清晰度指标、目标显著性指标以及色彩一致性指标。

2.2 多传感器图像配准评价指标

2.2.1 评价指标的选取

袁铁慧通过研究指出：人眼对色彩的感知非常复杂，所以人们对彩色融合图像的评价也很复杂，单纯地用一个指标或者用一个特征来评价彩色融合图像是不合适的。因此，需要通过多方面考虑来选取评价指标。M. Pedersen 提出了 6 个评价彩色图像视觉效果的指标，包括色彩、亮度、对比度、清晰度、制作工艺和物理性质。同时，M. Pedersen 通过实验给出了相关的使用频率。石俊生等人将其应用到了彩色融合技术中，提出了细节清晰性、目标探测性和色彩自然性和视觉舒适度 3 个基本指标。其中，细节清晰性与图像边缘清晰度有关，目标探测性表明了图像中目标的突显程度，色彩自然性和视觉舒适度则反映融合图像的颜色特性。通过 40 组实验，石俊生等给出了 3 个指标的权重系数，分别为 0.60、0.11 和 0.29，三者的总和为 1。

为了有效地评价多传感器图像的配准精度，区分各种图像配准算法的优劣，依据石俊生的理论，本书介绍了一种综合客观评价指标，该指标通过边缘清晰度、目标显著性和色彩一致性，实现配准图像的综合评价。其中，边缘清晰度表征整幅图像中目标边缘细节的清晰程度，目标显著性表征图像中目标的凸显程度，色彩一致性指标表征彩色融合图像与彩色参考图像间色彩的相似程度。

2.2.2 边缘清晰度指标

人眼观察世界时，对观测场景的对比度非常敏感，即便是在较暗的背景环境下，对比度强烈的景物也更容易被人眼识别并留下深刻的印象。因此，在通过算法模拟人眼感知时，需要考虑图像的边缘对比度和清晰程度与图像质量的关系。一般认为，具有较好边缘对比度和清晰度的图像，其质量更高，也更符合人眼的视觉特性。

研究发现：人眼在观察图像时，更多考虑相对性而非绝对性。相对纹理更丰富的区域是人眼视觉的焦点，因为人们渴望看清细节。因此在提出边缘清晰度指标时，需要引入人眼感知强度模型。

在人眼视觉系统理论中，将人眼在给定条件下能够感知到亮度的最小阈值定义为 jnd（最小可觉差）。对于图像而言，可以将 jnd 理解为人眼所能区分的图像灰度最小阈值。这一现象可用韦伯定律来进行描述：均匀亮度为 I 的背景中存在亮度为 $I+\Delta I$ 的目标，那么只有 ΔI 大于某一阈值时，人眼才能够分辨出该目标。此时 ΔI 的最小值定义为 $\Delta I_{\min}$，即 jnd。韦伯利用公式对其进行了描述：

$$\text{jnd}=\Delta I_{\min}=K\cdot I \tag{2.1}$$

其中，K 为比例常数，又称为韦伯率。由韦伯定律可以看出，在中等强度刺激下，当亮度过高或过低时，K 值增大。这也符合人眼在弱刺激和强刺激情况下对物体灰度的区分度降低的事实。如图 2.1 所示，在灰度为 1、64、128、192 和 250 的背景区域内，存在着灰度为 6、69、133、197 和 255 的亮目标区域。通过观察可以发现，仅在灰度为 64、128 和 192 的背景

图 2.1 不同灰度背景下灰度差为 5 的亮目标

中，肉眼能够区分亮目标区域，在灰度为1和250的背景中，肉眼不能够区分亮目标区域。若图像中目标和背景的亮度分别为 $I+\Delta I$ 和 I，则 K 值的大小与背景灰度 I 关系如图2.2所示。

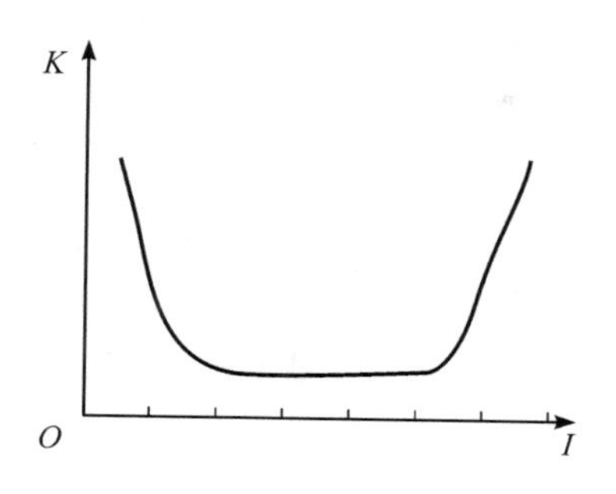

图2.2 韦伯定律

这一关系被C. Wang应用到了灰度图像中，提出了灰度 I 与 K 的近似定量关系，如图2.3所示，此时公式(2.1)可表述为

$$\text{jnd}=\Delta I_{\min}=K\cdot I\approx\begin{cases}(0.575-0.009I)\cdot I, & 0<I\leqslant 60\\(0.035)\cdot I, & 60<I\leqslant 200\\[0.035+0.001(I-200)]\cdot I, & 200<I\leqslant 255\end{cases}\tag{2.2}$$

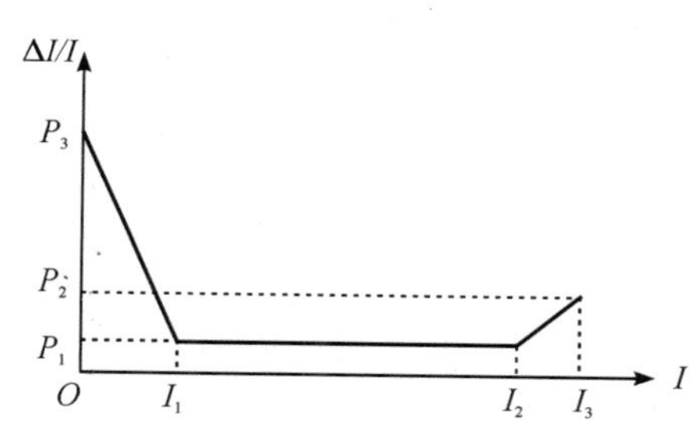

图2.3 韦伯定律在灰度图像中的应用

德国物理学家费希纳在韦伯研究的基础上，提出了如下概念：感觉量的增加落后于物理量的增加，物理量成几何级数增长，心理量成算术级数增长。用公式对其进行归纳，即

$$E=B\lg I\tag{2.3}$$

式中：B 为常数；I 为物理刺激强度，此处对应为图像灰度；E 为感觉常数。物理刺激强度为 I 的情况下，最小可觉差 $\Delta I_{\min}$(jnd)引起的感知效应增量 $\Delta E_{\min}$ 为

$$\begin{aligned}\Delta E_{\min}&=B\lg(I+\Delta I_{\min})-B\lg I\\&=B\lg(1+K)\end{aligned}\tag{2.4}$$

将 $\Delta E_{\min}$ 定义为人眼可以感知的最小可觉差 jnd_E，那么，对于一个灰度为 $I+\Delta I$ 的目标像素点(x, y)，可以定义其感知强度模型为

$$R_{x,y}=\frac{\Delta E}{\text{jnd}_E}\tag{2.5}$$

其中

$$\Delta E = B\lg\left(1+\frac{\Delta I}{I}\right) \tag{2.6}$$

将式(2.4)、式(2.6)代入式(2.5)，可得

$$R_{x,y} = \log_{1+K}\left(1+\frac{\Delta I}{I}\right) \tag{2.7}$$

式中，$R_{x,y}$ 表示像素点(x, y)处人眼的视觉感知强度，ΔI 表示该点与背景灰度差的绝对值。$R_{x,y}$ 越大，说明人眼对该点越敏感。将该模型应用于整幅图像，可以得到一幅人眼感知强度(R)图。

为了计算 ΔI，需要求得像素点(x, y)周围的局部背景灰度。这里采用 Chun-Hsien Chou 提出的局部背景灰度计算方法，即

$$\mathrm{bg}(x, y) = \frac{1}{32}\sum_{i=1}^{5}\sum_{j=1}^{5} I(x-3+i, y-3+j)\cdot B(i, j) \tag{2.8}$$

式中，$\mathrm{bg}(x, y)$表示像素点(x, y)周围的局部背景灰度，$B(i, j)$为权重系数。

在得到人眼感知强度(R)图之后，利用局部频带对比度函数来描述该图的边缘清晰度。局部频带对比度的概念最早由 Peli 提出，该函数可以反映图像上每点在不同频带下的灰度对比度，表达式如下：

$$C_k(x, y) = \frac{(\phi_k - \phi_{k+1}) I(x, y)}{\phi_{k+1} I(x, y)} \tag{2.9}$$

式中：$I(x, y)$为输入图像；ϕ_k 为第 k 频段的高斯核函数，即

$$\phi_k = (\sigma_k\sqrt{2\pi})^{-2}\exp\left(-\frac{x^2+y^2}{2\sigma_k^2}\right) \tag{2.10}$$

其中，σ_k 为正态分布的标准差，其值为 2^k。

为了表征人眼感知强度(R)图的边缘信息，令 k 值为 0，此时局部频带对比度模型变为高频带对比度 $C_0(x, y)$。由于舍弃了图像高频信息，因此 $C_0(x, y)$可以用来描述图像的清晰度，表达式如下：

$$C_0(x, y) = \frac{(\phi_0 - \phi_1) R(x, y)}{\phi_1 R(x, y)} \tag{2.11}$$

式(2.11)采用最大类间差法(OTSU)进行阈值分割。OTSU 法于 1979 年由 Otsu 提出，该方法依据图像灰度直方图的类间距离最大准则来确定分割阈值，是最早的自动阈值分割方法。算法具体步骤如下：

(1) 设高频带对比度 $C_0(x, y)$存在 M 个灰度级别，总像素数为 N，对应灰度值为 i 的像素点个数为 n_i，则灰度值 i 出现的概率为

$$P_i = \frac{n_i}{N} \tag{2.12}$$

(2) 将灰度 t 设为阈值，对高频带对比度 $C_0(x, y)$进行分割，得到灰度为 $0\sim t$ 的背景区域 A 以及灰度为$(t-1)\sim M$ 的目标区域 B。对应的概率分别为

$$P_A = \sum_{i=0}^{t} P_i 3 \tag{2.13}$$

$$P_B = \sum_{i=t+1}^{M} P_i = 1 - P_A \tag{2.14}$$

背景区域的灰度均值 L_A 为

$$L_A = \frac{\sum_{i=0}^{t} i \cdot n_i}{\sum_{i=0}^{t} n_i} \tag{2.15}$$

目标区域的灰度均值 L_B 为

$$L_B = \frac{\sum_{i=t+1}^{M} i \cdot n_i}{\sum_{i=t+1}^{M} n_i} \tag{2.16}$$

整幅图像的灰度均值 L 为

$$L = \frac{\sum_{i=0}^{M} i \cdot n_i}{\sum_{i=0}^{M} n_i} \tag{2.17}$$

由此可以得到 A、B 区域的类间方差 σ^2 为

$$\sigma^2 = P_A (L_A - L)^2 + P_B (L_B - L)^2 \tag{2.18}$$

(3) 不断变换阈值 t，使得 σ^2 的值最大，此时所得到的最优解 T 即为最佳分割阈值。

定义当 $C_0(x, y)$ 大于 T 时，该像素点为边界有效点，否则为无效点，由此得到有效点集合 ψ，并计算边缘清晰度指标 BD(the Boundary Definition)：

$$\mathrm{BD} = \frac{1}{N_\psi} \sum_{x, y \in \psi} C_0(x, y) \tag{2.19}$$

对 BD 做归一化操作，可以得到动态范围为 0～1 的边缘清晰度指标。BD 的值越接近 1，表示该图像中的边缘细节越丰富，纹理越清晰。

2.2.3　目标显著性指标

人眼在观察图像时，往往将目标的视觉显著性作为衡量图像质量的一个指标。图像中的目标越显著，就认为该图像越能反映目标的细节，图像质量越好。因此自 20 世纪末图像显著模型被提出以来，关于图像视觉显著性的研究取得了快速的发展。

常用的图像显著性计算方法存在分辨率低、边界不确定以及计算量大的缺点。为了解决这些问题，Achanta 提出了一种基于频率协调的显著区域检测方法。该方法具有较高的图像分辨率、清晰的边界，且算法简单，易于实现。该方法通过计算 CIELAB 颜色空间中原图像的灰度均值与高斯(Gauss)滤波图像之间的欧氏距离，来计算彩色图像的显著图。

CIELAB 是由国际照明委员会(Commission International de L'Eclairage, CIE)于 1976 年提出的一个国际标准。CIELAB 颜色空间是目前最为符合人眼视觉的颜色空间，通过计算得到该颜色空间中的欧氏距离，能够很好地用来描述图像亮度和颜色的区别。CIELAB 颜色空间的色度空间俯视图和三维立体图分别如图 2.4 和图 2.5 所示。

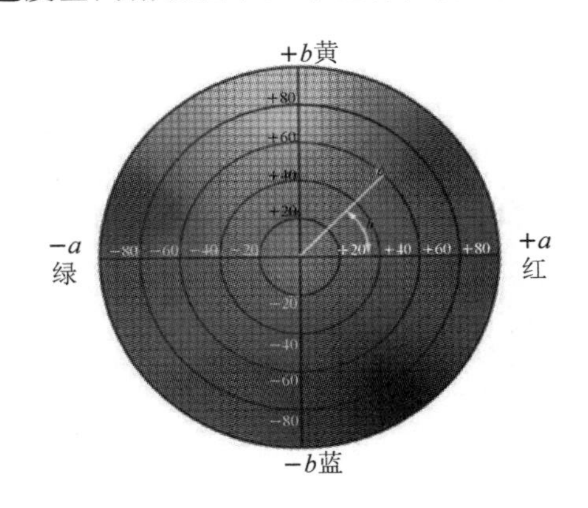

图 2.4　CIELAB 颜色空间的色度空间俯视图

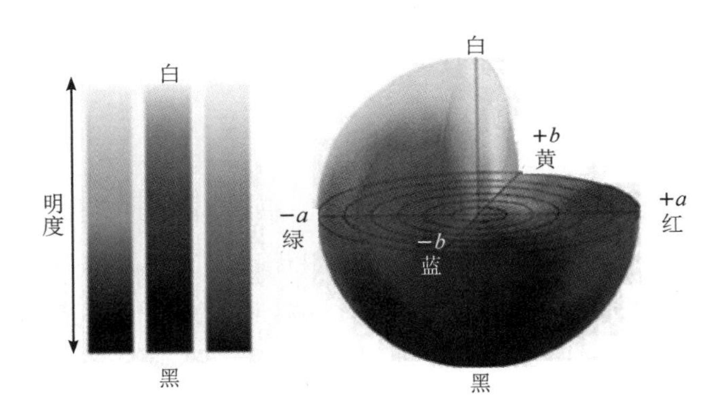

图 2.5　CIELAB 颜色空间的三维立体图

用 L、a、b 这 3 个分量来描述 CIELAB 颜色空间。其中 L 分量用于表示像素的明度(Luminosity)，动态范围是[0, 100]，表示从纯黑到纯白；a 分量表示从红色到绿色的范围，动态范围是[127, −128]；b 分量表示从黄色到蓝色的范围，动态范围是[127, −128]。利用公式(2.20)、(2.21)和(2.22)可以将图像从 RGB 空间变换到 CIELAB 空间。首先将图像从 RGB 空间变换到 CIEXYZ 空间，该空间是其他色彩空间的基础，之后再将图像从 CIEXYZ 空间转换到均匀度更高的 CIELAB 空间。

$$\begin{pmatrix} X \\ Y \\ Z \end{pmatrix} = \begin{pmatrix} 0.412453 & 0.357580 & 0.180423 \\ 0.212671 & 0.715160 & 0.072169 \\ 0.019334 & 0.119193 & 0.950227 \end{pmatrix} \cdot \begin{pmatrix} R \\ G \\ B \end{pmatrix} \tag{2.20}$$

$$\begin{cases} L = 116f\left(\dfrac{Y}{Y_n}\right) - 16 \\ a = 500\left[f\left(\dfrac{X}{X_n}\right) - f\left(\dfrac{Y}{Y_n}\right)\right] \\ b = 200\left[f\left(\dfrac{Y}{Y_n}\right) - f\left(\dfrac{Z}{Z_n}\right)\right] \end{cases} \tag{2.21}$$

$$f(t) = \begin{cases} t^{1/3}, & t > 0.008\,856 \\ 7.787t + \dfrac{16}{116}, & t < 0.008\,856 \end{cases} \tag{2.22}$$

式中，L、a、b 是最终的 CIELAB 空间 3 个通道的值，X、Y、Z 是图像从 RGB 空间变换到 CIEXYZ 空间后计算得到的值，X_n、Y_n、Z_n 分别为 9.047、100.0 和 108.883。

将彩色图像从 RGB 空间转换到 CIELAB 空间之后，分别求取彩色图像的高斯模糊图像和均值图像，并计算两者之间的欧氏距离，通过欧氏距离来描述图像的显著特性，即

$$S(x, y) = \| I_{\mu} - I_{\text{whc}} \| \tag{2.23}$$

式中，$\boldsymbol{I}_{\mu}$ 是由 L、a、b 构成的表示彩色图像平均色彩的空间向量，$\boldsymbol{I}_{\text{whc}}(x, y)$ 表示经过高斯模糊后图像中某一像素点的色彩，最终得到的显著性指标经过了归一化处理。基于频率协调的显著区域检测方法流程图如图 2.6 所示。

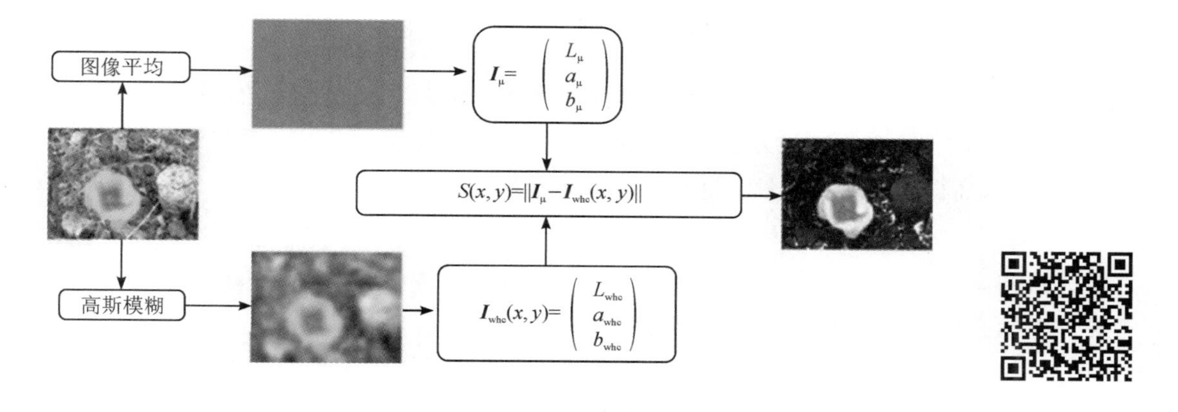

图 2.6　基于频率协调的显著区域检测方法流程图

之后，同样利用 OTSU 法对图像进行目标显著区域的分割，并计算目标显著区域的平均显著性指标，记作 F，即

$$F = \frac{1}{N_{\omega}} \sum_{x,\, y \in \omega} S(x, y) \tag{2.24}$$

式中：ω 为图像显著区域，通常是显著目标所在区域；N_{ω} 是显著区域的像素点数量；F 的动态范围为 0～1，其值越接近 1，表示图像中目标显著性越高，越容易被人眼识别。

2.2.4 色彩一致性指标

图像色彩自然性和视觉舒适度也是一项重要的人眼视觉评价指标。对于多传感器融合系统而言，通过算法配准和融合后得到的彩色融合图像，应该具有与参考图像更为一致的色彩。因此色彩一致性指标用于评价不同图像配准算法得到的彩色融合图像的色彩属性。

根据上一小节中关于 CIELAB 空间的定义，可以计算得到彩色图像的 a、b 空间的值，其中 a 空间表示颜色从红到绿的均匀变化，b 空间表示颜色从黄到蓝的均匀变化。因此定义图像的一个重要颜色属性——色度 C，其表达式如下：

$$C=\sqrt{a^2+b^2} \tag{2.25}$$

通过计算配准后的彩色融合图像与参考彩色图像的色度差，可以很好地表述配准后的融合图像的彩色特性。因此定义色彩一致性指标的公式为

$$\Delta C=1-\frac{|C-C_0|}{C_0} \tag{2.26}$$

式中，C 为配准后的彩色融合图像的色度，C_0 为参考彩色图像的色度。通常情况下，彩色融合图像的色度要小于参考图像的色度，因此 ΔC 的动态范围为 0～1。ΔC 越接近 1，表示两幅图像的色彩一致性越高，彩色融合图像的自然性和视觉舒适度也越好。

2.2.5 多传感器图像配准综合客观评价指标

将前面得到的边缘清晰度指标 BD、目标显著性指标 F 以及色彩一致性指标 ΔC 进行归一化，然后根据石俊生的研究结果赋予 3 个指标的权重系数 0.60、0.11 和 0.29，三者的总和为 1，进而得到多传感器图像配准综合客观评价指标 R 的表达式：

$$R=0.60\text{BD}+0.11F+0.29\Delta C \tag{2.27}$$

由上式可知 R 的动态范围是 0～1，R 越接近 1，表明经过算法配准后的融合图像与人眼主观感知越吻合，从而证明了该图像配准算法的有效性。

2.3 图像配准实验与结果评价

为验证多传感器图像配准客观评价指标的有效性，我们选择了多组不同场景的图像来进行实验验证。这些实验图像均为多传感器图像的彩色融合图像。将边缘清晰度指标 BD、目标显著性指标 F 以及色彩一致性指标 ΔC 应用于每一组图像，评价经过不同图像配准算法得到的彩色融合图像的质量。

2.3.1 自然场景图像实验

第一组自然场景下的实验图像包含彩色参考图像、短波红外源图像、中波红外源图像

以及经 4 种不同图像配准算法后得到的彩色融合图像，如图 2.7 所示。这 4 种待评价配准算法分别为：归一化互信息(NMI)配准算法、梯度互信息(GNMI)配准算法、改进梯度互信息(NGNMI)配准算法、相对全局综合尺寸误差(ERGAS)的图像配准算法。

(1) 归一化互信息(NMI)配准算法：构建初始仿射变换矩阵，将短波红外图像与中波红外图像的归一化互信息作为相似性度量函数，通过模拟退火算法求解最佳变换矩阵，之后利用 Laplace 金字塔融合算法得到灰度融合图像，最后利用 TNO 彩色融合方法得到彩色融合图像。

(2) 梯度互信息(GNMI)配准算法：与 NMI 算法类似，不同的是选择梯度互信息作为相似性度量函数。

(3) 改进梯度互信息(NGNMI)配准算法：与 NMI 算法类似，不同的是选择改进梯度互信息作为相似性度量函数。

(4) 相对全局综合尺寸误差(ERGAS)的图像配准算法：构建初始仿射变换矩阵，将短波红外图像与中波红外图像之间的相对全局综合尺寸误差作为相似性度量函数，通过下山单纯型算法求解最佳变换矩阵，之后利用 Laplace 金字塔融合算法得到灰度融合图像，最后利用 TNO 彩色融合方法得到彩色融合图像。

第一组图像中，边缘清晰度指标最好的是 NGNMI 算法的结果，而 ERGAS 算法的结果最差。这与人眼视觉感知吻合，因为图 2.7(f)中电线杆和近处建筑的边缘最为清晰，而图2.7(e)中电线杆边缘则出现了模糊，图 2.7(d)中近处的建筑物边缘比较模糊，出现了一定的失配，图 2.7(g)则完全没有配准。

从目标显著性评价指标来看，GNMI 和 NGNMI 算法的结果具有明显的优势，与人眼视觉感知吻合，因为图 2.7(e)、(f)中的电线杆最为明显，特别是图 2.7(e)中的电线杆对比度最好，图 2.7(d)、(g)中的电线杆则不太明显。

从色彩一致性评价指标来看，GNMI 和 NGNMI 算法的结果有明显的优势，与人眼视觉感知一致，图 2.7(e)、(f)中的色彩与参考图像更为接近，比较鲜艳和自然。而图2.7(d)、(g)中的色彩较为平淡，类似灰度图像。

4 个评价指标 R、BD、F 和 ΔC 对这组实验图像的质量评价结果见表 2.1。

表 2.1 第一组实验图像的质量评价结果

实验 1	NMI	GNMI	NGNMI	ERGAS
R	0.317③	0.433②	**0.437①**	0.223④
BD	0.158③	0.181②	**0.194①**	0.035④
F	0.226④	**0.554①**	0.551②	0.319③
ΔC	0.682③	**0.910①**	0.895②	0.576④

(a) 色彩参考图像

(b) 中波红外源图像

(c) 短波红外源图像

(d) NMI算法配准后的融合图像

(e) GNMI 算法配准后的融合图像

(f) NGNMI算法配准后的确融合图像

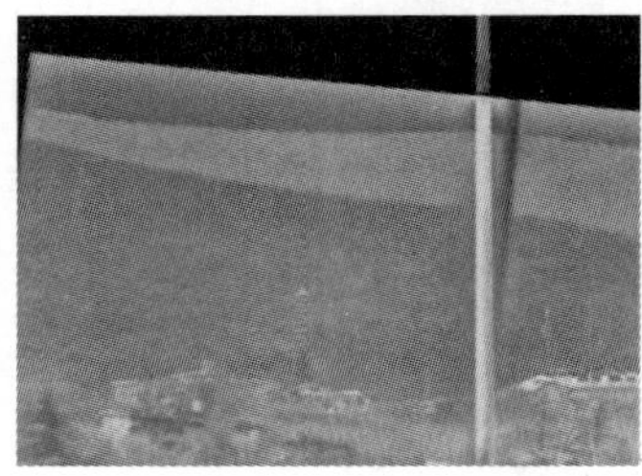

(g) ERGAS算法配准后的融合图像

图 2.7 第一组实验图像

总体来看，多传感器图像配准客观评价指标最好的是 NGNMI 算法的结果，其次是 GNMI 算法，NMI 算法较差，ERGAS 算法的结果最差，这也与主观评价一致，尽管整体上图 2.7(e)、(f)相近，但是图 2.7(f)中电线杆更为清晰，因此该算法的图像配准精度更高。

2.3.2 路面场景图像实验

第二组路面场景实验图像也包含彩色参考图像、短波红外源图像、中波红外源图像以及经 4 种不同图像配准算法后得到的彩色融合图像，如图 2.8 所示。4 种待评价配准算法与第一组实验一致。

4 个评价指标 R、BD、F 和 ΔC 对这组实验图像的质量评价结果见表 2.2。

从表 2.2 可以看出，NGNMI 算法的边缘清晰度指标和目标显著性指标都最好，与人眼视觉感知一致，这是因为图 2.8(f)中左上角和中央目标的边缘最为清楚，目标也较为明显。但是该图的色彩一致性指标较差，这也与人眼主观感知相似，图 2.8(f)的颜色不如图 2.8(e)、(g)鲜艳，图 2.8(e)、(g)的颜色与参考图像更为接近。总体来看，尽管图 2.8(f)的

(a) 色彩参考图像

(b) 中波红外源图像

(c) 短波红外源图像

(d) NMI算法配准后的融合图像

(e) GNMI 算法配准后的融合图像

(f) NGNMI算法配准后的融合图像

(g) ERGAS算法配准后的融合图像

图 2.8　第二组实验图像

颜色不够鲜艳，但是图像的边缘细节远远好于其他几幅图像，且目标最为明显，因此可以认为 NGNMI 算法的图像配准效果最好，GNMI 算法次之，NMI 算法第三，ERGAS 算法最差，这与本章提出的指标 R 十分吻合。

表 2.2　第二组实验图像的质量评价结果

实验 2	NMI	GNMI	NGNMI	ERGAS
R	0.520③	0.544②	**0.570①**	0.481④
BD	0.379③	0.389②	**0.469①**	0.284④
F	0.262④	0.332③	**0.362①**	0.341②
ΔC	0.908③	**0.944①**	0.858④	0.942②

2.3.3 城市街区图像实验

第三组实验图像由 OTCVBS 数据库提供，包含彩色参考图像、红外源图像、可见光源图像以及经 4 种不同图像配准算法后得到的彩色融合图像，如图 2.9 所示。4 种待评价配准算法与第一组实验一致。

(a) 彩色参考图像

(b) 红外源图像

(c) 可见光源图像

(d) NMI算法配准后的融合图像

(e) GNMI 算法配准后的融合图像

(f) NGNMI算法配准后的融合图像

(g) ERGAS算法配准的后融合图像

图 2.9 第三组数据评价图像

4 个评价指标 R、BD、F 和 ΔC 对这组实验图像的质量评价结果见表 2.3。

从表 2.3 可以看出，NMI 算法的边缘清晰度指标最好，主要体现在图像左下角的 O 型建筑的配准上。相比之下，图 2.9(e)、(f)、(g)中，左下角均出现了一定的失配，这与人眼主观感知一致。NGNMI 算法的目标显著性指标最好，图 2.9(e)、(f)中的行人目标更为明显，特别是图像中央的 4 个行人轮廓清晰，与背景区分度很高。对于色彩一致性指标，4 种算法的数值较为接近。人眼主观感知也很难评价哪幅图像的颜色更为鲜艳自然。总体来看，

图 2.9(d)、(e)的图像边缘细节较好，特别是图像中部电线杆处的配准精度较高，且目标凸显程度和色彩一致性较好。因此可以认为 NMI 算法和 GNMI 算法的图像配准效果最好，NGNMI 算法次之，ERGAS 算法最差，这与本章提出的指标 R 较为吻合。

表 2.3　第三组实验图像的质量评价结果

实验 2	NMI	GNMI	NGNMI	ERGAS
R	0.741②	**0.752①**	0.706③	0.645④
BD	**0.794①**	0.762②	0.719③	0.657④
F	0.456③	0.558②	**0.568①**	0.449④
ΔC	0.738②	**0.806①**	0.732③	0.696④

通过比较 3 组实验数据发现，仅考虑图像灰度特性、图像色彩特性以及图像目标特性中的某一种并不能够全面地评价图像配准算法的优劣，而通过结合 3 种特性提出的图像配准客观评价指标则与人眼主观感知更为一致。

2.3.4　主观评价实验

为了验证多传感器图像配准客观评价指标与人眼主观感知的相关程度，进行主观评价实验。选取 10 组不同场景的多传感器图像，每组包含 2.3 中提出的 4 种待评价配准算法的融合结果，一共 40 幅评价图像，其中 3 组为 OTCVBS 数据库提供的红外和可见光源图像，7 组为本实验室使用短波红外和中波红外探测器采集的源图像。

本实验观察者共 32 人，年龄范围为 20～30 岁。观察者矫正后视力为 1.5。其中一部分观察者从事图像处理和夜视侦查领域的研究，另一部分为普通的在校学生。在进行主观实验之前，对所有的观察者详细介绍本次实验的目的，确保观察者在没有理解偏差的情况下给出评价分数。对于每组实验，首先出示两幅未配准的多传感器图像，让观察者仔细观察 5 分钟，方便观察者记录图像中的背景细节、目标特性和图像色彩等信息；之后将通过 4 种待评价配准算法处理得到的彩色融合图像依次展示给观察者，让观察者仔细观察 5 分钟，并与未配准的原始图像作对比，从而评价图像配准算法的效果；然后评价者根据融合图像的成像效果打分，从非常不满意到非常满意分为 10 个等级，对应 1～10 分，并对每一组图像进行评分；为了方便比较，将观察者给出的评价分数归一化，使其动态范围为 0～1，评价分数越高，表明图像配准算法的配准效果越好；最后将所有观察者给出的评价分数取平均值，即可以得到主观评价配准精度分数 N_{sub}。

利用 2.2.5 节提出的多传感器图像配准综合客观评价指标 R 和互信息指标 NMI、梯度信息指标 G、归一化互相关指标 NCC 分别评价 10 组实验中的配准图像的质量，并计算它们与主观评价配准精度分数 N_{sub} 的泊松(Pearson)相关系数。

Pearson 相关系数的计算公式如下：

$$\rho=\frac{\operatorname{Cov}(X, Y)}{\sqrt{\operatorname{Var}(X) \times \operatorname{Var}(Y)}} \tag{2.28}$$

其中，X 代表 R、NMI、G、NCC 4 个评价指标之一，Y 表示主观评价指标 N_{sub}，Cov(X，Y)为它们的协方差，Var(X)和 Var(Y)分别为它们的方差。泊松相关系数的取值范围为−1～1，当其取值为 1 时，表示两个变量具有完全正相关性，当其取值为−1 时，表示两个变量具有完全负相关性，取值为 0 则表示两个变量互不相关。

根据式(2.28)计算 10 组不同场景的 N_{sub} 与 R、NMI、G、NCC 的泊松相关系数，然后分别计算 10 组泊松相关系数的累积概率分布函数，累积概率分布函数随泊松相关系数的变化关系如图 2.10 所示。图中纵坐标表示 R、NMI、G、NCC 的累计概率分布，横坐标为 Pearson 相关系数，相关系数的动态范围为−1～1，其值越接近 1，表示该指标与主观评价结果的一致性越高，也越符合人眼视觉感知。通过对比发现，图中 R 指标对应的曲线最靠近右侧，其相关系数区间在 0.7～0.95 之间，即 R 指标与主观评价结果最为一致。而其他指标对应的曲线，其相关系数均匀地分布在−1～1 之间，证明虽然这些指标在某些场景中与主观评价结果相吻合，但是在另一些场景中与主观评价结果完全不一致，因此这些客观评价指标的稳定性较差。

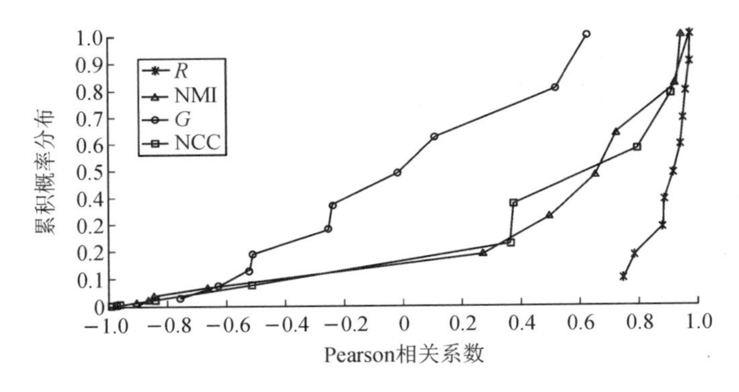

图 2.10 不同配准精度评价指标与 N_{sub} 的 Pearson 相关系数的累积概率分布曲线

当泊松相关系数大于 0.8 时，可以认为评价模型计算结果与主观评价结果的相关性很高。如图 2.10 所示，对于 10 组不同的实验图像，有 8 组的 R 计算结果的相关性很高，所占概率为 80%，还有两组接近 0.8。而 NMI、G 和 NCC 对应相关系数在 0.8 以上的图像组数所占概率分别为 20%、0%和 30%，与主观评价结果一致性较低。因此，与现有 3 种主流的客观评价指标相比，本章提出的多传感器图像融合配准评价指标与人眼视觉感知一致性高，准确度和稳定性更高。

本章小结

多传感器融合系统的图像配准客观评价方法存在以下问题：

（1）图像的客观评价结果与人眼主观感知关联性较差，与主观评价结果不一致。

（2）影响彩色融合图像质量的因素较多，仅考虑图像灰度特性、图像色彩特性以及图像目标特性中的某一种并不能够全面评价图像配准算法的优劣。

为解决以上两个问题，本章提出了一种符合人眼感知的多传感器图像配准客观评价方法。该方法包含3个指标：边缘清晰度指标BD、目标显著性指标F以及色彩一致性指标ΔC。其中边缘清晰度指标可以很好地表征图像中目标边缘的细节纹理，目标显著性指标可以表征图像中目标的凸显程度，色彩一致性指标能够表征彩色融合图像与参考图像间色彩的相似程度。通过将3个指标线性组合，得到了多传感器图像配准客观评价指标。利用客观评价指标评价了多组不同场景的实验图像，结果表明本章提出指标的评价结果与人眼主观感知吻合，与主观评价的Pearson相关系数最高，是一种有效的图像配准客观评价指标。

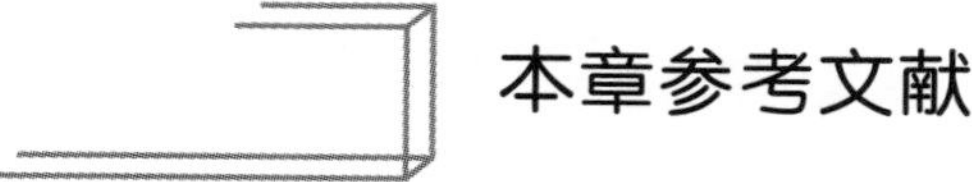

本章参考文献

[1] TOET A. Natural color mapping for multiband night vision imagery [J]. Information Fusion, 2003, 4(1): 155-166.

[2] ZITOVÁ B, FLUSSER J. Image registration methods: a survey[J]. Image and Vision Computing, 2003, 21(11): 977-1000.

[3] BILODEAU G A, TORABI A, MORIN F. Visible and infrared image registration using trajectories and composite foreground images [J]. Image and Vision Computing, 2011, 29: 41-50.

[4] 袁轶慧. 红外与可见光图像融合及评价技术研究[D]. 南京：南京理工大学，2012.

[5] PEDERSEN M. Attributes of image quality for color prints[J]. Journal of Electronic Imaging, 2010, 19(1): 011016-1-011016-14.

[6] 石俊生，金伟其，王岭雪. 视觉评价夜视彩色融合图像质量的实验研究[J]. 红外与毫米波学报，2005，24(3)：236-240.

[7] WANG C, YE Z F. Perceptual Contrast-Based Image Fusion: A Variational Approach[J]. Acta Automatica Sinica, 2007, 33(2): 132-136.

[8] TSAGARIS V, ANASTASSOPOULOS V. Assessing information content in color images[J]. Journal of Electronic Imaging, 2005, 14(4): 043007-1-043007-10.

[9] MALACARA D. Color vision and colorimetry: Theory and applications[J]. Color Research and Application, 2003, 28(1): 77-78.

[10] PLUIM J P W, MAINTZ J BA, et al. Image registration by maximization of combined mutual information and gradient information[J]. IEEE Transactions on Medical Imaging, 2000, 19(8): 809-815.

[11] 柏连发，韩静，张毅，等. 采用改进梯度互信息和粒子群优化算法的红外与可见光图像配准算法[J]. 红外与激光工程，2012，41(1)：248-255.

[12] ZHANG Q, CAO Z, HU Z, et al. Joint Image Registration and Fusion for Panchromatic and Multispectral Images[J]. Geoscience and Remote Sensing Letters IEEE, 2015, 458(1): 63-69.

第3章　多波段图像配准与融合技术

红外图像具有较好的目标特性，对环境照度的要求很低，因此被广泛应用于夜视监控领域。但是红外图像也存在分辨率低、纹理细节差等缺点，在用于远距离视频监控时，不能够很好地反映热目标与背景的位置关系。为了得到目标背景细节清晰的视频监控图像，许多研究人员开展了图像融合技术和多传感器融合系统的研究。经过长期的研究发现，图像配准算法的性能直接决定了融合图像的最终成像质量。算法配准精度高，得到的融合图像边缘细节清晰，目标显著，色彩鲜艳；反之，得到的融合图像比较模糊，难以区分背景和目标，色彩暗淡，不适合人眼观察。

为了解决这一核心技术问题，我们开展了多传感器图像配准与融合算法的研究。考虑到我国的地理环境，全国大部分区域都会出现雾霾天气，海面上则有较大的水汽烟雾，普通的可见光探测器并不能够得到较好的图像背景和边缘细节，因此选用透雾效果好的短波红外(Short Wave Infrared，SIR)探测器取代常用的可见光探测器，并与中波制冷红外(Mediam Wave Infrared，MIR)探测器组成全天候多波段的光电探测平台；以多传感器图像配准客观评价指标作为评价准则，设计符合人眼主观感知的多传感器图像配准算法，最终对短波红外和中波红外图像进行有效融合，解决雾霾天气下的夜视侦察问题。

3.1　系统成像特性分析

3.1.1　红外图像特性分析

红外成像可以描述为将目标和背景的红外热辐射通过红外探测器转换为电信号并由读出电路显示出来的过程。在红外热辐射信号的传输和转换过程中，辐射信号会受到大气传输特性、器件响应特性、光学系统特性等多方面的影响。受目标场景自身辐射特性、系统工作波长、传输距离、大气衰减等因素的影响，红外图像对比度低，灰度分布范围窄，视觉效果模糊。若不对红外图像进行预处理，则融合图像的质量将受到很大的影响。图 3.1(a)为典型的未进行对比度处理的红外图像，图 3.1(b)为 8～12 μm 波段内黑体辐射对比度随温度变化曲线。

(a) 未进行对比度处理的红外图像

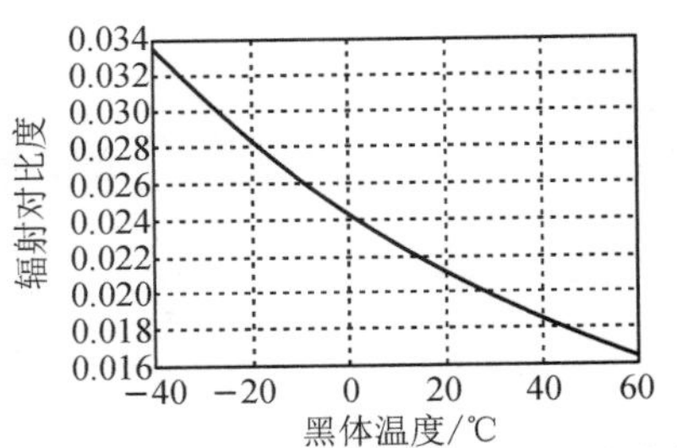

(b) 8~12 μm波段内黑体辐射对比度随温度变化曲线

图 3.1　红外图像对比度特性

图像直方图是一幅图像中每个灰度值出现的概率统计分布，能够较好地反映图像特点。对比度较小的图像直方图在灰度轴上较小的一段区间上非零；在直方图上，较暗的图像主要分布在低灰度值区间，在高灰度值区间上的幅度则很小甚至为零；较亮的图像恰好相反，其灰度值主要分布在高灰度值区间；看起来清晰柔和的图像，其直方图分布比较均匀。

图 3.2 为经过非均匀性校正后红外图像的直方图。为了方便进行比较，图 3.3 给出了一幅视觉效果较为柔和的可见光图像的直方图。对比图 3.2 和图 3.3 可以看出红外热图像直方图具有以下特点：

（1）红外图像灰度动态分布范围小，对比度差，仅占整个灰度级空间的一小片区域；可见光图像的灰度分布则几乎充满整个灰度级空间。

（2）红外图像绝大部分像素灰度集中于某些相邻的灰度级范围，而范围以外的灰度级上则没有或只有很少的像素；可见光图像的像素分布则比较均匀。

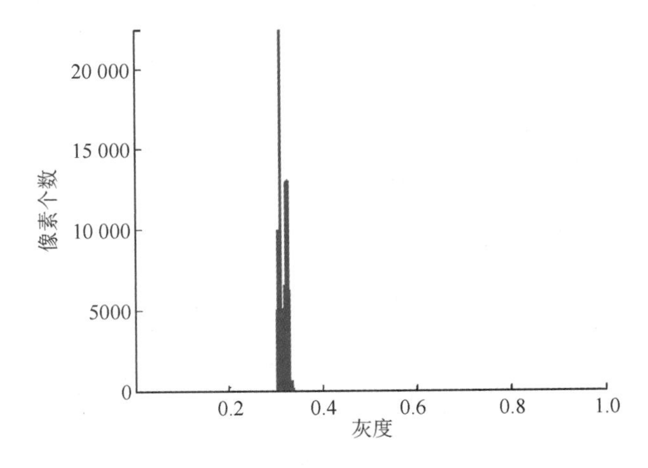

图 3.2　非均匀性校正后红外图像直方图

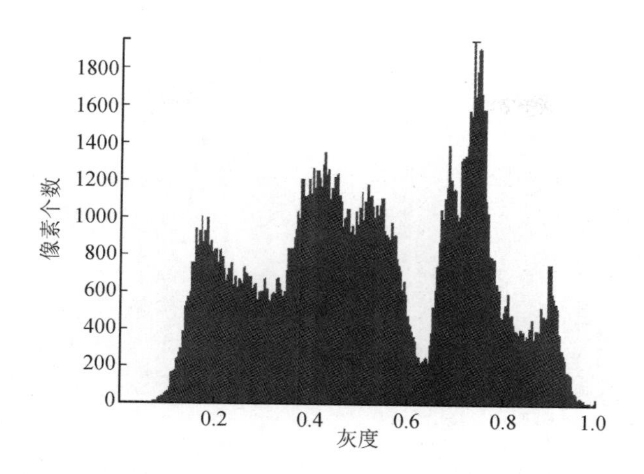

图 3.3　可见光图像的直方图

3.1.2　可见光图像特性分析

通过上一小节的直方图分布对比，可以看到可见光(CCD)探测器的成像质量较好，其对比度分布较为均匀。对于普通的可见光图像，进行一定的对比度增强能够更好地改善图像质量。此外，可见光图像不可避免地会引入一定的噪声，特别是光照强度较低的场景(如微光条件)，随机噪声以及硬件设备带来的固定噪声会对系统成像质量及最终的融合效果带来较大的影响。

图 3.4 为光照条件较好的 CCD 图像，图 3.5 为光照条件较差的微光图像。

图 3.4　CCD 图像

图 3.5 微光图像

对比两幅图像可以看到：

(1) 两幅图像均符合人眼视觉的观察习惯，分辨率高、刻画细节能力较好。

(2) 光照条件较好的 CCD 图像的成像质量要优于微光图像，噪声较少。

(3) 两幅图像都存在一定程度的噪声，CCD 图像的噪声主要是由传输损失噪声、输出放大器噪声和界面态噪声构成的，微光图像的噪声则受微通道板 MCP 的颗粒噪声影响较大。

因此，无论对于何种光照条件，可见光图像的噪声是始终存在的，有必要对图像进行一定的降噪处理。

3.1.3 图像的配准融合分析

在进行两幅图像融合之前，图像配准是一个不可或缺的步骤。图像配准能够去除不同传感器的系统误差，保证各传感器的信息之间具有小于一个像素的校准精度，对最终的融合图像质量有直接的影响。

在图像配准过程中，由于红外与可见光图像信息的差异性，直接进行图像配准会加大配准难度，且容易产生误差。图 3.6 为同一场景下，红外探测器与可见光(CCD)探测器的未经过配准处理的输出图像。

对比两个探测器的输出图像可以发现，由于红外图像中的视觉效果模糊，很难实现两幅图像的精确配准。若对图像进行一些配准预处理，如边缘增强(形态学处理)等，能够使得图像配准过程更加简单，精度更高。

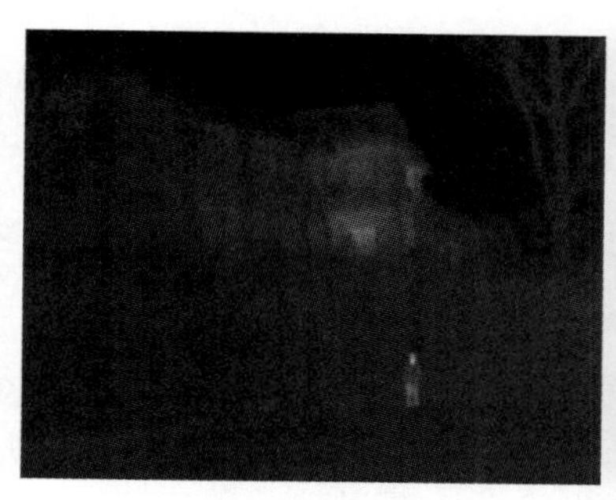
(a) 红外图像

(b) CCD图像

图 3.6　未经配准处理的图像

3.2 图像配准技术

图像配准的应用领域十分广泛，可根据不同的需求构建不同的图像退化模型，但寄希望于寻找一种高效的图像配准方法去解决不同领域的配准问题难以实现。设计图像配准方法时，不仅要考虑图像之间的几何变换模型，还要考虑光照的变化、噪声的干扰、配准精度的要求以及应用数据的类型等诸多方面的因素。

尽管如此，根据其核心思想，图像配准方法一般包含四个基本步骤：特征提取、特征匹配、变换模型估计以及图像重采样。

1. 特征提取

特征提取是指通过人为或者自动的检测方法对图像中的显著特征进行提取。这些特征可以是交点、角点、直线、曲线、图像的边缘、封闭的区域等，也可以是整幅图像中的灰度信息。利用这些特征信息，可以有效地估计出两幅待配准图像之间的映射关系。

2. 特征匹配

特征匹配是指通过特征点来建立参考图像与待配准图像之间的对应关系的过程。选定特征之后，通过构建合适的相似性度量函数来计算图像之间的相似程度，进而确定特征之间的对应关系。

3. 变换模型估计

变换模型估计是指根据图像配准的应用领域，选定合适的几何变换模型，并根据得到的特征对应关系计算出变换模型参数，再通过合适的搜索策略确定最佳的变换模型参数，实现图像的配准。

4. 图像重采样

图像重采样是指用已经计算出的最佳变换模型参数，将待配准图像重新映射到参考图像的坐标空间，从而实现图像配准操作。

根据图像配准所利用的图像信息，图像配准方法分为基于灰度的方法和基于特征的方法。前者是对整幅图像的灰度信息进行计算，构建合适的相似性度量函数，利用某种搜索算法，找到最佳的变换模型参数。该类方法的优点是原理简单，不需要进行复杂的特征提取，实现简单，但是对灰度变化较为敏感，不适合多传感器图像之间的配准。基于特征的图像配准方法通过提取参考图像和待配准图像间的共同特征进行配准。这些特征可以是图像中的角点、边缘，也可以是运动区域。这类方法计算量小，对辐射特性敏感性低，适用于多传感器图像之间的配准，被广泛地应用于夜视监控领域的图像处理中。但是由于该类算法只涉及局部区域的特征信息，忽略了图像的全局灰度信息，因此在迭代优化的过程中容易陷入局部极值，造成误匹配。

3.2.1 基于灰度信息的图像配准方法

基于灰度信息的图像配准方法是图像配准技术早期研究的主流方法，常用的灰度配准算法包括互相关算法、序贯相似检测算法、相位相关法和互信息算法等。

(1) 互相关(Cross-correlation)算法是一种基础的灰度信息配准方法。该算法采用多传感器图像间的互相关函数作为相似性度量来进行图像配准。归一化相关系数(Normalized Cross-correlation，NCC)与互相关算法类似，该方法常用于图像配准研究中。

(2) 序贯相似检测算法。由于互相关算法计算量较大，不利于硬件实现。为了提高搜索效率，Barnea 等人提出了序贯相似检测算法(Sequential Similarity Detection Algorithm，SSDA)。当 SSDA 达到最小值时，可以认为得到了最好的图像配准结果。之后，Patt 等人利用各种滤波器对存在噪声的图像进行预处理，进一步提高了 SSDA 算法的配准性能；Roche 等人使用对应灰度的比值之和取代灰度差之和，成功解决了不同灰度图像之间的配准。

(3) 相位相关法依据傅里叶变换的平移性质来解决两幅图像间的平移问题。图像间的平移变换会导致相位的差异。通过计算两幅图像之间的互功率谱的最大值便可以获得两幅图像间的平移量。Castro 和 Morandi 扩展了相位相关法，从而可以获得两幅图像之间的平移量和旋转量。Reddy 考虑了缩放变换，可以获得两幅图像之间的平移量、旋转量和缩放量。Foroosh 等人进一步发展了该算法，将其精度提升到了亚像素级。

(4) 互信息(Mutual Information，MI)理论的引入为图像配准提供了一个新的方向。最初，互信息用于描述两个变量之间的统计相关性，即一个变量中包含的另一个变量信息的多少，表示两个随机变量之间的依赖程度。随后，互信息被广泛地应用于通信理论、复变分析、图像处理等领域。为了解决多模态医学图像的配准问题，Viola 和 Collignon 等人分别将其引入图像配准领域，通过寻找最优的几何变换 T，使得待配准图像间的互信息值最大，此时可以认为两幅图像几何上已经对齐。此后，Studholm 提出了归一化交互信息(Normalized

Mutual Information，NMI)，该方法更为稳定和高效。通过结合互信息和其他相似性度量函数，衍生出了一系列包含互信息的图像配准算法。Pluim 等人结合梯度信息和图像的互信息，提出了梯度互信息的概念，从而降低了局部极值出现的概率；Anthony 等人提出了空间互信息(Spatial Mutual Information，SMI)概念，该方法利用空间信息具有良好的抗噪性能这一优点，使得算法在微光图像的配准领域展现了非常优秀的性能。Skouson 等人通过推导图像间交互信息的上界，指出基于交互信息的图像配准算法在某些特定情况下会失效，从而能够更为深入地了解互信息的属性。柏连发等提出了以改进梯度互信息作为匹配特征的多传感器图像配准方法，并在传统粒子群优化算法基础上引入混沌优化思想和遗传算法中的杂交思想，不仅能够有效抑制局部极值，而且加快了收敛速度。

尽管基于互信息的图像配准方法在配准性能方面更为优秀，但是它也存在许多缺点。首先算法计算量较大，不利于实时实现；其次，基于互信息的相似性度量函数并不是光滑的函数，存在许多局部最大和最小值，使用搜索策略进行最优值估算时容易陷入局部极值。

3.2.2　基于特征的图像配准方法

基于特征的图像配准方法是另一种主流的图像配准算法。通过对参考图像和待配准图像进行相关特征的提取和分析，可以大大减少图像处理过程中的计算量。同时图像中的角点、边缘等特征对光照、气温、遮挡等因素的影响具有较好的适应能力，从而保证了图像配准算法的鲁棒性。基于特征的图像配准方法的两个关键步骤是特征的提取及匹配，这两个步骤直接决定了图像配准的结果。图像中的特征主要包括：特征点、特征线、边缘以及特征区域、轮廓等。

图像特征点是一种最为常用的图像特征，通常是图像中灰度变化最为明显的点，包括图像中的拐点、角点以及线段的交点等。Harris 是一种高效和稳定的角点检测算子，被广泛应用于各个领域。赵向阳等人通过 Harris 算子提取图像的角点，利用角点之间的对应关系完成图像间的匹配，最终实现了图像的自动拼接；刘贵喜等人使用 Harris 角点，建立初始匹配集合，再利用 RANSAC(Random Sample Concensus，RANSAC)法去除误匹配点对，完成图像间的配准；Fan 等人将 Harris 算子提取的角点作为特征和最大互信息相结合，最终实现多模态图像的配准。Lowe 提出的尺度不变 SIFT(Scale-Invariant Feature Transform)特征，在高斯差分尺度空间找到极值点作为特征点，提高了提取特征的速度，该方法检测出的特征点在图像尺度变化、旋转、视角变化和光照变化的条件下都具有较好的不变性，在特征提取工作中具有里程碑的意义；SIFT 算法将特征点检测、特征点匹配统一起来，对后来的计算机视觉研究影响深远。

特征线段也是一种有效的图像特征。常用的特征线段包括物体边缘、目标轮廓等。通过 Hough 变换能够有效地提取图像中的直线段。而 Canny 算子、拉普拉斯-高斯算子(LOG)、高斯差分算子(DOG)、Sobel 算子等都能够有效地提取图像的边缘轮廓，这些算子为图像配准算法的实现提供了坚实的基础。

封闭区域特征又称作面特征，常用于卫星和航拍图像，也用于远距离监控图像。对于卫星和航拍图像，由于图像中的水域、湖泊和建筑等与其他背景区域的光谱性质不同，因此在多光谱图像中能够很容易地区分出来。而对于远距离监控图像，图像中的运动目标和显著目标可以用一些常用的图像分割算法进行分割。因此，图像分割的准确性可以直接决定图像配准结果的优劣。Goshtasby 等人最早使用区域分割的方法进行图像配准，并利用区域的重心作为关键点来进行图像配准。常用的静态图像分割方法有 OTSU 法，Meanshift 算法等，常用的运动目标分割方法有光流法、背景建模法等。

单一的图像特征或灰度信息都不能够全面地表现参考图像和待配准图像之间的相关性。因此，将多种图像特征和灰度信息混合进行图像配准成了人们普遍研究的重点。Plluim 在图像灰度基础上引入图像的特征信息，将 NMI 和梯度信息结合构建了一种梯度互信息测度函数(GNMI)，该方法兼顾了图像的灰度信息和边缘特征信息，具有较好的图像配准精度和鲁棒性。柏连发等人在此基础上又提出了一种改进梯度互信息测度函数(NGNMI)，进一步提高了图像配准算法的精度和稳定性。混合特征能够很好地结合多种图像特征，具有更高的准确性和稳定性，为研究图像配准算法提供了更开阔的思路。

3.2.3 常用的图像配准几何变换模型

图像配准时，需要根据图像配准的应用领域选择参考图像和待配准图像之间的几何变换模型。常用的几何变换模型有刚体变换模型、相似变换模型、仿射变换模型等。

1. 刚体变换(Rigid Transformation)模型

刚体变换模型仅包括几何平移和旋转，其表达式如下：

$$\begin{pmatrix} x' \\ y' \\ 1 \end{pmatrix} = \begin{pmatrix} \cos\theta & -\sin\theta & t_x \\ \sin\theta & \cos\theta & t_y \\ 0 & 0 & 1 \end{pmatrix} \begin{pmatrix} x \\ y \\ 1 \end{pmatrix} \tag{3.1}$$

其中，θ 表示参考图像与待配准图像间的旋转角度，t_x 表示 x 方向的平移量，t_y 表示 y 方向的平移量。

2. 相似变换(Similarity Transformation)模型

相似变换模型包含最简单的平移、旋转和缩放变换，其表达式如下：

$$\begin{pmatrix} x' \\ y' \\ 1 \end{pmatrix} = \begin{pmatrix} a\cos\theta & -a\sin\theta & t_x \\ a\sin\theta & a\cos\theta & t_y \\ 0 & 0 & 1 \end{pmatrix} \begin{pmatrix} x \\ y \\ 1 \end{pmatrix} \tag{3.2}$$

其中，a 表示参考图像与待配准图像间的缩放关系，θ 表示参考图像与待配准图像间的旋转角度，t_x 表示 x 方向的平移量，t_y 表示 y 方向的平移量。相似变换具有 4 个自由度，在图像上可以由两组对应的点确定，适用于具有相同视角、不同拍摄位置的同一传感器的两幅图像。

3. 仿射变换(Affine Transformation)模型

仿射变换模型包括平移变换、缩放变换、旋转变换以及剪切变换，其表达式如下：

$$\begin{pmatrix} x' \\ y' \\ 1 \end{pmatrix} = \begin{pmatrix} a_{11} & a_{12} & t_x \\ a_{21} & a_{22} & t_y \\ 0 & 0 & 1 \end{pmatrix} \begin{pmatrix} x \\ y \\ 1 \end{pmatrix} \tag{3.3}$$

其中，a_{11}、a_{12}、a_{21}、a_{22}、t_x、t_y 是该模型的 6 个参量，表示 6 个不同的自由度，在图像上可以由 3 组不在同一直线上的点确定。当物体的探测距离远大于物体的深度时，一般选用该模型来进行图像配准。对于夜视图像配准，仿射变换也是最常用的空间变换模型。

4. 投影变换(Projective Transformation)模型

投影变换模型也可以转化为平移变换、旋转变换、缩放变换和剪切变换，其表达式如下：

$$\begin{pmatrix} x' \\ y' \\ 1 \end{pmatrix} = \begin{pmatrix} a_{11} & a_{12} & a_{13} \\ a_{21} & a_{22} & a_{23} \\ a_{31} & a_{32} & 1 \end{pmatrix} \begin{pmatrix} x \\ y \\ 1 \end{pmatrix} \tag{3.4}$$

该模型包括 8 个参量，表示 8 个不同的自由度，在图像上可以由 4 组 3 个不在同一直线上的点确定。

5. 多项式变换模型

多项式变换模型是一种复杂的非线性变换模型。该模型虽然更符合客观实际，但是由于计算量太大，因此计算时一般不会考虑 2 次以上的模型。其中，仿射变换模型就是一种常用的一次多项式模型。

3.3 图像融合预处理

3.3.1 灰度变换处理

灰度变换是改善图像质量的重要手段，它能够增大图像的动态范围，扩展图像对比度，使图像变得更加清晰。灰度变换按线性特征可分为线性变换、分段线性变换与非线性变换。

对于灰度层次感较差、细节特征不明显的图像，采用线性变换对图像进行灰度的线性拉伸，能够有效地改善图像质量，突出图像细节特征。但线性变换时，整个灰度区间的增益系数 k 为同一值，对整幅图像各个灰度区域的增益相同。若要突出某一部分的灰度区间，抑制不感兴趣灰度区间，就需要对不同的灰度区间采用不同的增益系数进行灰度变换。常用的方法是分段线性变换。以三段线性变换为例，假设原图像 $f(x, y)$的灰度区间(m, n)

为最感兴趣目标区，$(0, m)$与(n, q)则为一般区域，变换后的图像为$g(x, y)$，分段线性变换数学公式可以表示为

$$g(x, y)=\begin{cases}\dfrac{M}{m}f(x, y), & 0 \leqslant f(x, y)<m \\ \dfrac{N-M}{n-m}[f(x, y)-m]+M, & m \leqslant f(x, y)<n \\ \dfrac{Q-N}{q-n}[f(x, y)-n]+N, & n \leqslant f(x, y)<q\end{cases} \tag{3.5}$$

其中，M、N、Q分别对应m、n、q变换后的灰度值，如图3.7所示。

通过控制增益系数k的大小，可以对图像进行不同程度的拉伸或者压缩，$k>1$时，图像为灰度拉伸，$k<1$时，图像为灰度压缩。

图3.7为Matlab环境下的分段线性增强效果对比图，其中图3.7(a)、(c)为原始图像，图3.7(b)、(d)为经过增强处理后的图像。可以看到，经过分段线性增强后的图像对比度明显提升，细节特征更加显著。

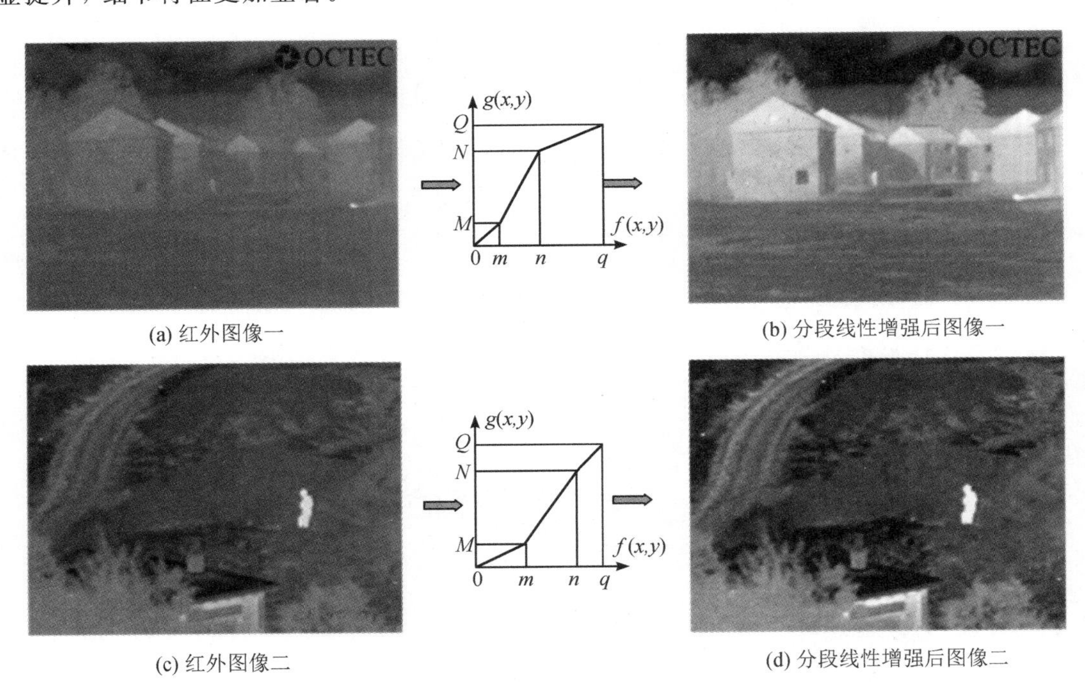

(a) 红外图像一

(b) 分段线性增强后图像一

(c) 红外图像二

(d) 分段线性增强后图像二

图3.7 分段线性增强效果对比图

3.3.2 空间滤波处理

为抑制噪声，改善图像质量，对图像进行一定的空间滤波操作是有效的图像预处理方法。空间滤波，顾名思义，就是在空间域对图像进行滤波操作，常用的方法有：均值滤波、中值滤波、平滑滤波、统计滤波等。本节重点介绍中值滤波的基础理论。

中值滤波最初起源于一维信号处理，后来逐步应用到二维图像处理领域。中值滤波对脉冲干扰和椒盐噪声的抑制效果比较好，能够在抑制随机噪声的同时有效地保护边缘信息少受影响。但对点、线等小细节较多的图像，中值滤波并不太适用。若以 3×3 的滤波模板为例，则视频图像中的中值滤波的实现过程如图 3.8 所示。

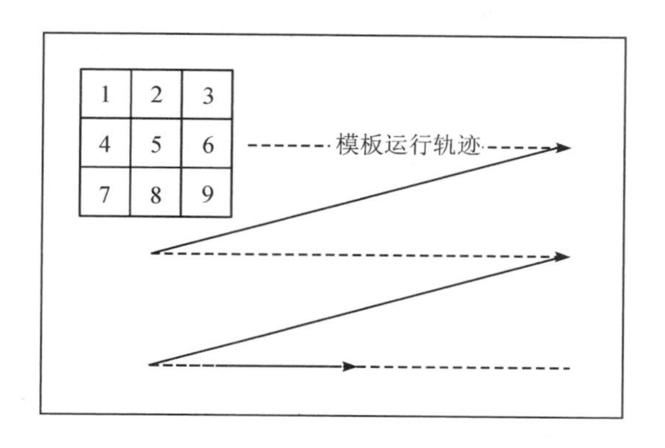

图 3.8　中值滤波实现过程示意图

将图 3.8 中的 3×3 模板中的 1～9 像素点的灰度值进行排序，取中间值代替像素点 5 的灰度值，逐行依次进行，便可完成对视频图像的中值滤波。与普通中值滤波不同的是，由于 FPGA 的硬件资源有限且算法实时性要求较高，因此必须对中值滤波算法的实现过程进行一定的优化。以 3×3 模板为例，可以将数据分为 3 组(以图 3.8 为例)，即 1、2、3，4、5、6，7、8、9 各为一组，分别对每一组进行 2 次比较操作，选出每一组的最大值、最小值和中间值。然后将 3 组的 3 个最大值进行排序并选取最小值，3 个最小值进行排序并选取最大值，3 个中间值进行排序并选取中间值。最后再将选取的 3 个值进行比较，中间值即为 9 个数值的中间值，也就是中值滤波的输出值。

图 3.9 所示为二维中值滤波仿真效果图，可以看到，中值滤波能够有效削弱椒盐噪声，使图像质量得到明显改善。

图 3.9　中值滤波仿真效果图

3.3.3　几何校正处理

图像的几何校正主要是指通过几何变换或空间变换，减少拍摄图像时引入的几何失真，还原原始图像。图像的几何校正可以分为两步：首先需要对图像进行一定的空间变换，即平移、旋转、缩放等操作；然后，根据空间变换后的像素点位置，进行灰度插值。

1. 空间变换

空间变换根据原图像与变换后图像像素点之间的空间位置映射关系，建立新的图像坐标。若原图像坐标为(x, y)，变换后图像坐标为(x', y')，则这两个坐标系之间的关系T，有$(x', y') = T[(x, y)]$。原图像与变换后图像像素点的空间变换关系如图3.10所示。

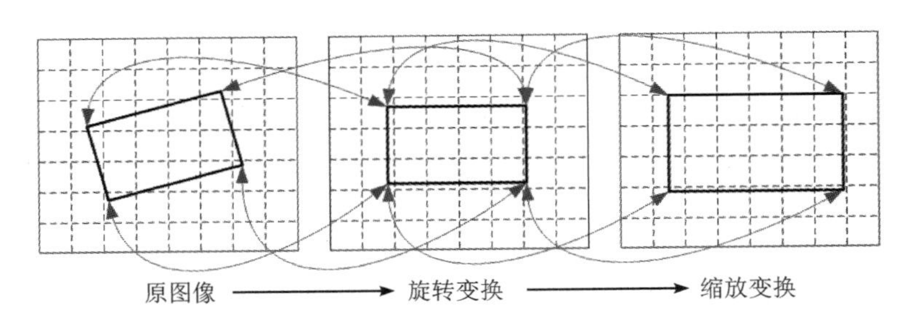

图3.10 原图像与变换后图像像素点的空间变换关系

图像的畸变形式有很多种，对于红外与可见光融合系统，设红外与可见光探测器同光轴，两个探测器的成像几乎不存在图像扭曲与转动这类情况，空间变换主要是平移、旋转、缩放等操作。对于二维图像，可用仿射变换模型表示为

$$\begin{pmatrix} x' \\ y' \end{pmatrix} = k \begin{pmatrix} \cos\theta & \sin\theta \\ -\sin\theta & \cos\theta \end{pmatrix} \begin{pmatrix} x \\ y \end{pmatrix} + \begin{pmatrix} \Delta x \\ \Delta y \end{pmatrix} \tag{3.6}$$

式中，$\begin{pmatrix} x' \\ y' \end{pmatrix}$表示变换后的图像坐标，$\begin{pmatrix} x \\ x \end{pmatrix}$表示原图像的坐标，$k$为图像缩放系数，$\begin{pmatrix} \cos\theta & \sin\theta \\ -\sin\theta & \cos\theta \end{pmatrix}$矩阵表示图像的旋转量，$\begin{pmatrix} \Delta x \\ \Delta y \end{pmatrix}$表示平移量。

对于本章的融合系统，假设两个探测器成像之间的旋转角非常小，可以忽略不计，那么以CCD图像为标准，对红外图像进行空间变换(平移、缩放)，便可使得红外图像与CCD图像的分辨率大小完全相等。由于红外图像中热目标的辐射特性非常明显，因此首先应在红外图像中选取对比度强烈的成像单元，然后再选取CCD图像中的相对应点，便能利用空间变换实现图像的配准，方便后续进行融合算法。

当考虑旋转角度时，一般情况下θ角度较小，可以设定θ处于某一域值范围内，对该范围内的θ角的$\cos\theta$、$\sin\theta$值进行计算，通过查找表映射，实现旋转角度矩阵的计算。值得注意的是，由于$\cos\theta$和$\sin\theta$在小角度时，其数值变化量非常小，需要很高的计算精度才能保证计算值的准确性。

2. 灰度插值

灰度插值是处理图像畸变的常用方法之一，主要可分为最近邻域法、双线性插值法、三次插值法。

1）最近邻域法

最近邻域法是灰度插值中最为简单直观的方法。根据插值图像中像素点与邻近4个像素点的距离，将离插值点最近的那个相邻像素点的灰度值直接赋给待求插值点的灰度值。显然，这种方法虽然简单，但会造成图像的不连续性，存在较为明显的锯齿状边缘。

2）双线性插值法

双线性插值法是灰度插值的常用方法，与最近邻域法不同的是，它需要对插值点邻近的4个像素点的灰度值进行2个方向上的线性内插。邻近的4个像素点到插值映射点的距离越近，插值影响越大；距离越远，插值影响越小。假设邻近的4个像素点灰度值分别为 $f(i,j)$，$f(i,j+1)$，$f(i+1,j)$，$f(i+1,j+1)$；u、v 分别是 x、y 方向上插值点到 $f(i,j)$ 的距离。插值点 $f(i+u,j+v)$ 可以通过式(3.7)计算：

$$f(i+u,j+v)=(1-u)(1-v)f(i,j)+(1-u)vf(i,j+1)+u(1-v)f(i+1,j)+uvf(i+1,j+1) \tag{3.7}$$

图3.11为双线插值法示意图，双线性插值法的计算过程比最近邻域法的复杂许多，但图像效果更好，不存在锯齿状边缘，能够在硬件上实现实时处理。

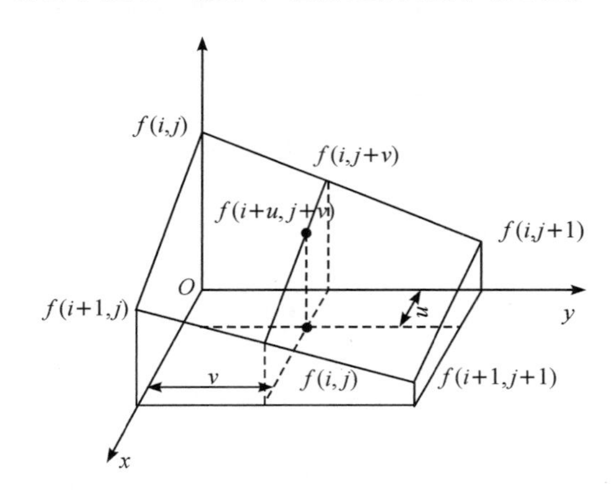

图3.11 双线性插值法示意图

3）三次插值法

三次插值法的实现过程要比双线性插值法复杂得多，且计算量极大，它主要是利用三次多项式来逼近理论上的最佳插值函数 $\sin x/x$。三次插值多项式 $R(x)$ 的数学公式可以表示为

$$R(x)=\begin{cases}1-2|x|^2+|x|^3, & 0\leqslant |x|<1\\ 4-8|x|+5|x|^2-|x|^3, & 1\leqslant |x|<2\\ 0, & |x|\geqslant 2\end{cases} \tag{3.8}$$

其插值点的灰度需要利用周围16个点进行加权内插，三次插值的图像效果最佳，但考虑到

计算量过大的原因，一般不用于 FPGA 的硬件实现上。图 3.12 为经过几何校正处理的 Matlab 仿真效果对比图。

(a) 未校正原图

(b) 几何校正后

图 3.12 经过几何校正处理的 Matlab 仿真效果对比图

3.3.4 形态学图像处理

形态学一词起源于生物学中对动植物的形态和结构特征的描述。将形态学运用到图像处理领域，有利于实现对有用的或者感兴趣的图像分量信息的提取。形态学图像处理的诞生为图像的目标提取与检测提供了新的思路。对于灰度图像，形态学图像处理主要包括：膨胀、腐蚀、开操作和闭操作。

假设图像函数为 $f(x, y)$，结构元素函数为 $w(x, y)$。

1. 膨胀

用模板子函数 w 对图像 f 进行灰度膨胀，可以表示为 $f\oplus w$，数学展开式为

$$(f \oplus w)(s,t) = \max\{f(s-x,t-y)+w(x,y) \mid (s-x),(t-y) \in D_f;(x,y) \in D_w\} \tag{3.9}$$

式中，D_f 和 D_w 分别为 f 与 w 的定义域。图像上每个像素点的膨胀值应为跨度为 w 的区间上图像 f 与结构函数 w 之和的最大值，结构元素 w 对像素的膨胀值起着关键性的作用。

2. 腐蚀

膨胀是对图像与结构元素进行和的最大值的选择，腐蚀操作则是进行两者差值的最小值的运算，可以表示为$(f\Theta w)$，展开式为

$$(f\Theta w)(s,t) = \min\{f(s+x,t+y)-w(x,y) \mid (s+x),(t+y) \in D_f;(x,y) \in D_w\} \tag{3.10}$$

其中，D_f 和 D_w 分别为 f 与 w 的定义域。与膨胀类似，腐蚀操作是对区间内的 $f-w$ 的最小值的选取。

3. 开操作与闭操作

可以将图像的开操作看成是利用 w 对图像先进行一次腐蚀操作，然后再用 w 对腐蚀

后的图像进行一次膨胀操作，其定义为

$$f \circ w = (f \Theta w) \oplus w \tag{3.11}$$

开操作常常用来去除图像中较小的明亮细节，这些细节的大小必须小于结构元素的大小。先进行的腐蚀会滤除图像的小细节且使图像变暗，随后的膨胀又会将图像再次增亮，但此时被滤除的小细节则无法出现。闭操作的过程与开操作类似，不同的是，闭操作先进行一次膨胀，然后再进行一次腐蚀操作，其定义为

$$f \bullet w = (f \oplus w) \Theta w \tag{3.12}$$

闭操作常用来滤除图像中较暗的细节部分，同样细节大小必须小于结构元素 w 的大小。先进行的膨胀会滤除图像的暗细节且使图像变亮，随后的腐蚀又使得图像整体变暗。图 3.13 为 Matlab 中图像的腐蚀、膨胀、开操作与闭操作的对比图。

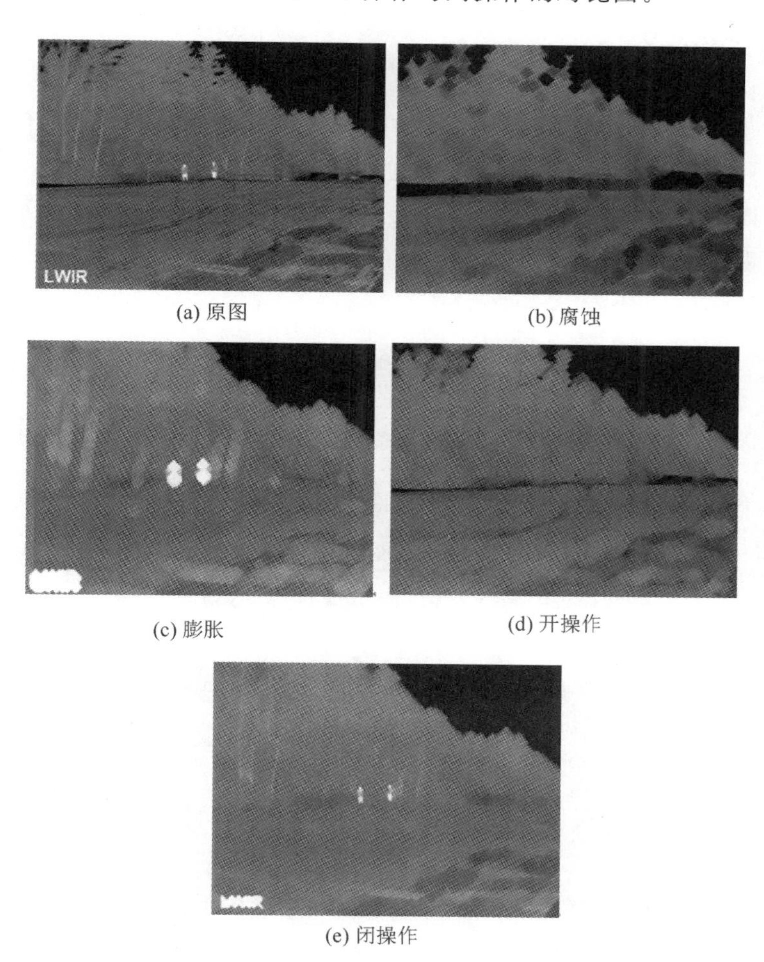

(a) 原图　(b) 腐蚀　(c) 膨胀　(d) 开操作　(e) 闭操作

图 3.13　图像的腐蚀、膨胀、开操作与闭操作的对比图

3.4 图像融合技术

图像融合理论较多，基于 FPGA 的融合方法要考虑实时性问题。加权平均融合法简单高效，是最基本的融合方法；Laplace 金字塔融合是多分辨率塔式分解融合的典型应用，运用广泛，融合效果突出；二维经验模式分解融合不同于传统融合算法，它能够有效提取图像的高频边缘细节；基于目标增强的形态学融合算法则是将形态学目标增强与图像融合相结合的新融合方法。本节主要介绍易于 FPGA 实现的融合方法。

3.4.1 加权平均融合

加权平均融合是图像融合中一种比较简单直观的方法，该方法仅需对图像进行一些基本的空间域运算。

首先设图像一为 $f_s(x, y)$，图像二为 $f_t(x, y)$，融合图像为 $g(x, y)$，加权平均融合图像可以表示为

$$g(x, y)=\omega_s f_s(x, y)+\omega_t f_t(x, y) \tag{3.13}$$

式中，ω_s 和 ω_t 分别为对 $f_s(x, y)$ 和 $f_t(x, y)$ 的加权系数。若 $\omega_s=\omega_t=0.5$，则为平均融合。

权值也可以通过计算两幅原图像的相关系数来确定，相关系数的定义如下：

$$c(A, B)=\frac{\sum_{m-1}^{M}\sum_{n-1}^{N}(A-\overline{A})(B-\overline{B})}{\sqrt{\sum_{m=1}^{M}\sum_{n=1}^{N}(A-\overline{A})^2\sum_{m=1}^{M}\sum_{n=1}^{N}(B-\overline{B})^2}} \tag{3.14}$$

式中，$c(A, B)$ 为两幅源图像的相关系数，$\overline{A}$ 为源图像 $f_s(x, y)$ 的平均灰度值，$\overline{B}$ 为源图像 $f_t(x, y)$ 的平均灰度值。权值由下式确定：

$$\begin{cases}\omega_s=\dfrac{1}{2}(1-|c(A, B)|)\\ \omega_t=1-\omega_s\end{cases} \tag{3.15}$$

图 3.14 为利用加权平均融合算法对红外与可见光图像进行融合的 Matlab 仿真效果图。加权平均融合算法的最大优势在于简单易用。对两个不同通道的源图像进行加权平均融合，能够提高图像的信噪比，满足一般的融合需求。但是，加权平均融合方法对图像的有效信息部分也有一定的抑制，会影响融合图像的质量，不利于目标的识别。

(a) 可见光图像

(b) 红外图像

(c) 加权平均融合图像

图 3.14　加权平均融合算法仿真效果图

3.4.2　Laplace 金字塔融合

Laplace 金字塔融合是多分辨率塔形分解(包括 Gauss 塔形分解、比率塔形分解、Laplace 塔形分解、对比度塔形分解和梯度塔形分解等)融合中的一种，必须先进行塔形分解并构建图像金字塔。

Gauss 塔形分解是 Laplace 塔形分解的基础，其分解的每一层图像均是前一层图像经低通滤波后的结果，每层的 Gauss 分解都减少了图像中的高频信息。Gauss 低通滤波通常采用 3×3 或者 5×5 的滤波模板。以 5×5 模板为例，每一层的 Gauss 塔形分解可以表示为

$$G_k = \sum_{m=-2}^{2} \sum_{n=-2}^{2} \boldsymbol{w}(m, n) G_{k-1}(2i+m, 2j+n) \tag{3.16}$$

式中：$k=1, \cdots, N$；G_0 为原图像，即 Gauss 分解底层；G_N 为 Gauss 分解顶层；m、n 的取值范围由模板的行列数决定；$\boldsymbol{w}$ 为滤波系数。

3×3 和 5×5 模板的 $\boldsymbol{w}$ 分别根据约束条件求得，具体如下：

$$\boldsymbol{w}_3 = \frac{1}{16}\begin{pmatrix} 1 & 2 & 1 \\ 2 & 4 & 2 \\ 1 & 2 & 1 \end{pmatrix}$$

$$\boldsymbol{w}_5 = \frac{1}{256}\begin{pmatrix} 1 & 4 & 6 & 4 & 1 \\ 4 & 16 & 24 & 16 & 4 \\ 6 & 24 & 36 & 24 & 6 \\ 4 & 16 & 24 & 16 & 4 \\ 1 & 4 & 6 & 4 & 1 \end{pmatrix} \tag{3.17}$$

上述过程通常被称为分解，即 REDUCE，二维图像分解过程可以表示为

$$G_k = \mathrm{REDUCE}(G_{k-1}) \tag{3.18}$$

Laplace 分解层是在高斯分解层的基础上计算得到的，当前的 Gauss 分解层经过插值和上采样可以得到与前一 Gauss 分解层大小相同的 EXPAND 层，将两者相减即可得到 Laplace 分解层图像，可以表示为

$$L_k = G_k - \text{EXPAND}(G_{k+1}) \tag{3.19}$$

通过上述的 Laplace 分解过程，分别对 2 种不同的源图像进行 Laplace 分解，可以得到不同层的分解图像。对不同分解层的图像采用不同的融合策略，进行图像融合，便能得到各分解层的融合图像。由顶向下对每层的融合图像进行插值重构(EXPAND)，最后可以求出融合图像，实现 Laplace 金字塔融合。

图 3.15 为利用 Laplace 融合算法对红外与可见光图像进行不同分解层数融合的Matlab仿真效果图。对比融合效果，可以看到当 Laplace 分解达到 3 层时，融合效果已经基本令人满意，目标与背景细节都能较好地体现出来。

(a) 可见光图像　　(b) 红外图像　　(c) 2层Laplace融合

(d) 3层Laplace融合　　(e) 5层Laplace融合　　(f) 7层Laplace融合

图 3.15　不同分解层数 Laplace 融合算法的 Matlab 仿真效果图

3.4.3　快速二维经验模式分解融合

经验模式分解(Empirical Mode Decomposition，EMD)方法最早由 N. E. Huang 等人提出，是 Hilbret 频谱分析中的预处理步骤之一。与传统的信号分析方法不同，EMD 能够

有效地获得信号的时频分布，并从中精确地得到能量、频率的分布信息，这对于分析非静态、不稳定的信号效果比较突出。二维经验模式分解(BEMD)是在 EMD 的基础上，运用 BEMD 方法将二维图像分解为多层的高频细节和低频部分，它能够有效避免传统融合方法中图像边缘的失真，在图像处理领域有着重要意义。

二维经验模式分解主要包括：局部极值点的选取，包络曲面的构造、筛选及条件判断等几个步骤，其分解流程如图 3.16 所示。

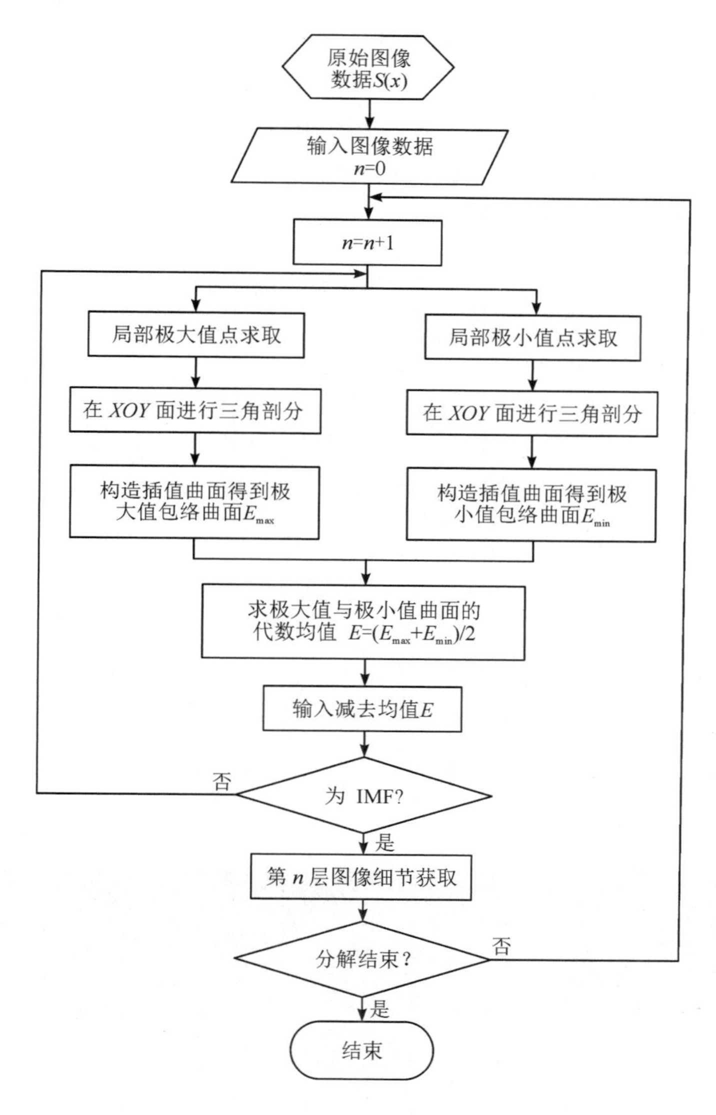

图 3.16　二维经验模式分解流程

对于基于 FPGA 的二维经验模式分解融合，如果采用上述分解流程，那么其庞大的计算量与算法运行时间是无法接受的，因此，需要对 BEMD 分解过程进行一定的优化与改进。

快速自适应的二维经验模式分解（Fast Adaptive two-dimensional EMD，FABEMD）是在 BEMD 基础上开发出来的，与普通的 BEMD 相比，FABEMD 能够有效降低算法复杂度，简化算法运算过程。经过设计的 FABEMD 融合算法对原先的 BEMD 进行了许多优化。首先，FABEMD 采用形态学取大取小模板在 FPGA 上进行极值点的提取，能够直接获得包含图像极值点的实时图像。其次，为了避免求取单层内禀模式函数（Intrinsic mode function，IMF）时的反复迭代过程，对极大值与极小值的包络曲面图像进行了额外的平滑滤波，使得滤波后的包络曲面更接近实际曲面。此外，FABEMD 还省略了对不规则极值区域的二维样条插值过程，这不仅使得算法的运行过程简单可行，更重要的是它还避免了 BEMD 带来的边界效应。经过优化设计的 FABEMD 融合算法仅需要进行一些简单的代数运算与模板滤波等操作，这也是 FABEMD 融合算法能够在 FPGA 上实现的重要原因。FABEMD 算法求取单层 IMF 的过程如图 3.17 所示。

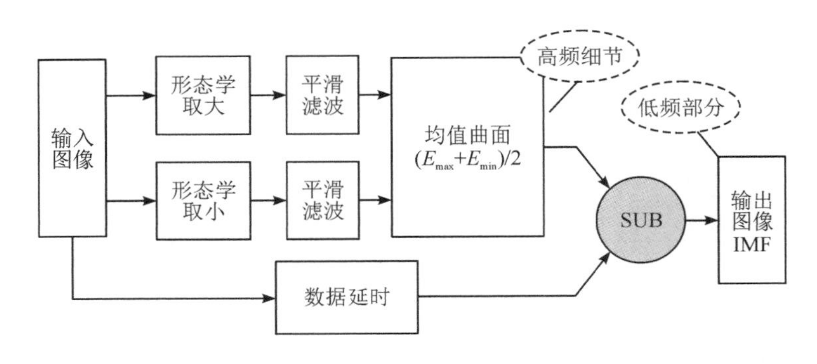

图 3.17　FABEMD 算法求取 IMF 流程

利用上述 FABEMD 算法进行图像的分解后，对每一层的高频细节和剩余的低频部分分别进行融合，每层图像可以采用不同的融合策略，再将融合后的各层图像进行重构，便能得到 FABEMD 算法的最终融合图像。图 3.18 所示为红外与可见光图像的 FABEMD 融合算法 Matlab 仿真效果图。

(a) 可见光图像　　(b) 红外图像　　(c) FABEMD融合图像

图 3.18　FABEMD 融合算法 Matlab 仿真效果图

3.4.4　基于目标增强的形态学融合

形态学图像融合是近年来的研究热点之一。与一般的线性滤波器不同，形态学滤波器能够较好地提取目标形状、边缘等细节特征。基于目标增强的形态学图像融合便是将这种形态学目标提取的优势与目标增强理论相结合并应用到图像融合领域。对于红外与可见光融合系统，红外图像的对比度低、灰度值范围较窄、视觉效果模糊，会对融合图像带来许多不利的影响。利用形态学滤波器提取红外图像中的目标并对目标进行一定的增强处理，再将目标增强后的红外图像与可见光图像进行融合，融合图像中红外目标将更加显著且不影响可见光图像中的细节。

3.3.4 节已经介绍了形态学图像处理的常用操作，式(3.9)与式(3.10)即为形态学腐蚀与形态学膨胀操作的基本公式。形态学图像处理过程中应采用适合的形态学模板，对红外图像进行反复多次的腐蚀和膨胀操作，直至能够将红外目标较好地提取出来。基于目标增强的形态学图像融合算法的基本流程如图 3.19 所示。

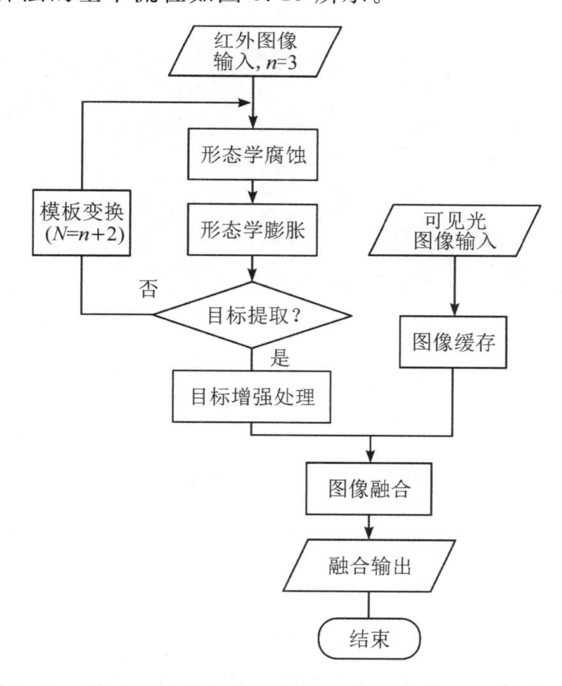

图 3.19　基于目标增强的形态学图像融合算法的基本流程

与一般的形态学处理类似，基于目标增强的形态学图像融合算法的流程中，选取合适的形态学模板是目标提取的关键，通过自适应函数的计算，不断修改模板系数与模板大小，使得形态学处理模板更加适合当前图像目标。如果使用一个各向同性的形态学模板(结构元素)，那么其变换具有方向不变性和旋转不变性，将大大减少算法计算量。若采用圆形结构元素，如图 3.20 所示，计算系数为

$$c(x, y)=\sqrt{L-x^{2}-y^{2}} \tag{3.20}$$

式中，L 为中心像素在结构元素中的权值系数，x、y 为像素相对坐标。

0	0	1	1	1	0	0
0	1	3	3	3	1	0
1	3	7	8	7	3	1
1	3	8	16	8	3	1
1	3	7	8	7	3	1
0	1	3	3	3	1	0
0	0	1	1	1	0	0

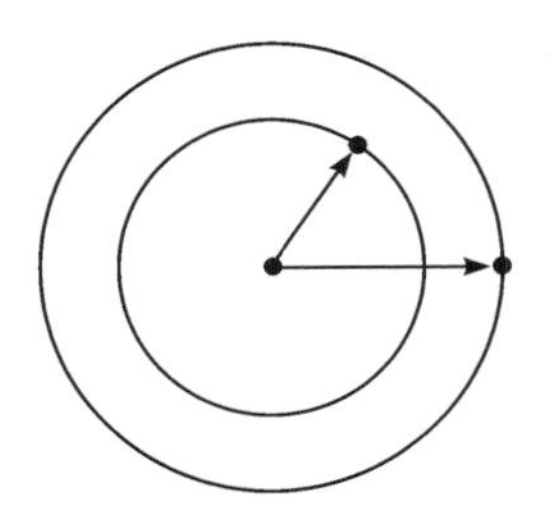

图 3.20　结构元素示意图

相比于 Laplace 融合算法中复杂的卷积过程，用形态学融合算法进行目标提取并增强，仅需进行一定的求和、取大、取小等简单代数运算，而且仅在空间域进行运算，图像数据均为非负值，不需要对数据进行处理，故其算法简单，非常适合在 FPGA 上实现。基于目标增强的形态学图像融合算法的 Matlab 仿真效果如图 3.21 所示。

(a) 可见光图像

(b) 红外图像

(c) FABEMD融合

图 3.21　基于目标增强的形态学图像融合算法的 Matlab 仿真效果图

3.5　多波段红外图像联合配准与融合方法

传统的可见光(微光)与红外融合系统存在两个缺陷：透雾性能差和无法探测波长为 1.06 μm 和 1.56 μm 的激光信号。由于空气中的烟尘、水汽能够吸收大量的可见光波段的信号，严重降低了可见光探测器获取远距离场景信息的性能，因此更多的融合系统采用透雾效果更佳的短波红外探测器取代常用的可见光 CCD，与红外热像仪组成多波段的光电探测平台。由于短波红外的波段为 0.9～1.7 μm，可以有效探测波长为 1.06 μm 和 1.56 μm 的激光光束，因此更适合融合系统的反侦查，可提升融合系统的探测能力，使其更加适用于复杂作战环境下的战场分析和态势感知。本小节将针对短波红外和中波红外图像，参考上一章提出的图像配准评价准则，并综合考虑图像配准和融合过程，将图像感兴趣区(Region of Interest，ROI)的清晰度作为图像特征来评估图像配准精度，利用模拟退火算法求解联合优化问题，最终得到短波红外图像与中波红外图像之间的最佳映射关系。多波段图像联合配准与融合算法流程如图 3.22 所示。

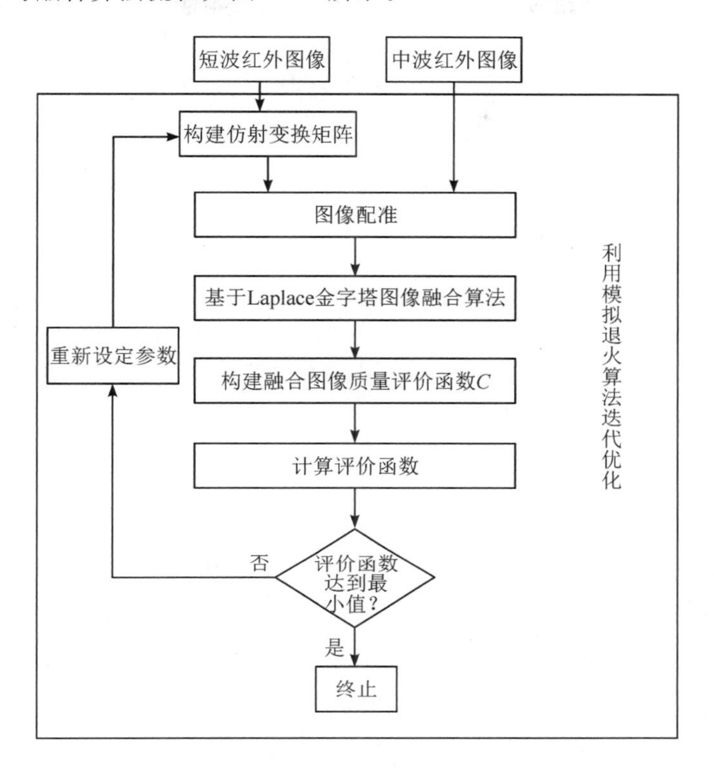

图 3.22　多波段图像联合配准与融合算法流程图

图 3.22 中的中波红外图像为参考图像，短波红外图像为待配准图像。联合优化的过程可以描述为找到最佳的仿射变换矩阵，从而保证得到的融合图像具有最好的图像质量。算法设计时，首先随机生成初始的配准参数，构建初始仿射变换矩阵，并利用该映射关系对短波红外图像进行第一次图像配准；之后将经过配准的短波红外图像与中波红外图像进行融合，融合算法采用 Laplace 金字塔算法；构建融合图像感兴趣区的清晰度评价函数来对融合图像质量进行客观评价；最后，利用模拟退火法寻找评价函数的全局最优解，最终得到最佳的映射关系。

3.5.1　仿射变换参数估计

短波红外图像和中波红外图像的配准过程可以阐述为找到两幅图像之间的最佳映射关系的过程。定义中波红外(Medium wave InfraRed，MIR)图像作为参考图像，定义短波红外(Short wave InfraRed，SIR)图像作为待配准图像，则两者间的映射关系可表述为

$$\begin{cases} x = p_1 u + p_2 v + p_3 \\ y = p_4 u + p_5 v + p_6 \end{cases} \tag{3.21}$$

其中，(x, y)和(u, v)分别表示 SIR 图像和 MIR 图像的像素坐标。定义仿射变换矩阵为

$$\boldsymbol{P}=\begin{pmatrix} p_1 & p_4 & 0 \\ p_2 & p_5 & 0 \\ p_3 & p_6 & 1 \end{pmatrix} \tag{3.22}$$

通过不同的 $\boldsymbol{P}$ 对 SIR 图像进行映射，可以得到 SIR 的配准图像，并与 MIR 图像进行融合，利用合适的评价函数对融合图像质量进行评价，直到找到效果最好的融合图像，即为全局最优解，此时停止迭代，对应的变换矩阵 $\boldsymbol{P}'$ 为最佳的映射关系。

3.5.2 融合质量评价函数

研究发现，当参考图像和待配准图像高度配准时，融合图像的质量应该最好；一旦出现误匹配，融合图像的质量就会降低。因此我们通过构建一个鲁棒性佳的融合图像质量评价函数 F 来估计图像配准精度，定义 F 为融合图像感兴趣区的清晰度指标，该指标包含两个图像特征：图像感兴趣区和图像清晰度指标。

1. 图像感兴趣区

远距离夜视监控的场景往往是山林、原野、海面、沙漠等区域，该类图像边界模糊，灰度区分度不好，缺少特征点和线，同时受雾霾、沙尘、雨雪等天气的影响，导致融合图像的整体清晰度较差，目标区域不明显。因此在构建融合图像质量评价函数前，需要对图像进行优化处理。

图像的边缘和纹理区域通常包含人眼敏感的图像特征信息，可视为人眼感兴趣区。利用 Soble 算子来提取图像的边缘信息，可以得到 SIR 和 MIR 图像的像素梯度信息。水平方向和垂直方向上 3×3 大小的 Sobel 模板为

$$\boldsymbol{G}_x=\begin{pmatrix} -1 & 0 & 1 \\ -2 & 0 & 2 \\ -1 & 0 & 1 \end{pmatrix},\quad \boldsymbol{G}_y=\begin{pmatrix} -1 & -2 & -1 \\ 0 & 0 & 0 \\ 1 & 2 & 1 \end{pmatrix} \tag{3.23}$$

该模板窗口在整幅图像中遍历每个像素。对于每一个窗口 w，融合图像 I 在像素 (x, y) 处的梯度为

$$\nabla I(x, y \mid w)=[\boldsymbol{G}_x^2+\boldsymbol{G}_y^2]^{1/2} \tag{3.24}$$

利用最大类间差法(OTSU)进行阈值分割，可以分别得到 SIR 图像和 MIR 图像的感兴趣区(ROI)。

2. 全局清晰度指标

第 2 章中阐述边缘清晰度指标时，提出了局部频带对比度的概念，该参数可反映图像上每点所对应不同频带对比度，将第 k 频带对比度 $C_k(x, y)$ 定义为该频带的带通图像与低于这个频带的低通图像(即背景图像)之比，即

$$C_k(x, y)=\frac{(\phi_k-\phi_{k+1})\cdot I(x, y)}{\phi_{k+1}\cdot I(x, y)} \tag{3.25}$$

式中：$I(x, y)$为输入图像；ϕ_k 为高斯核函数，$\phi_k=(\sigma_k\sqrt{2\pi})^{-2}\exp[-(x^2+y^2)/2\sigma_k^2]$，$\sigma_k$ 表示正态分布的标准差，其值为 $\sigma_k=2^k$；$\phi_k-\phi_{k+1}$ 为高斯差函数。

当 $k=0$ 时，式(3.25)变为 Peli 高频带对比度 $C_0(x, y)$。通过第 2 章的介绍可以知道，Peli 高频带对比度是判断图像清晰度的一个重要指标。依据该指标构建清晰度模型，可以客观有效地评价 SIR 图像与 MIR 图像的配准精度。图 3.23 给出了清晰度模型的计算流程。

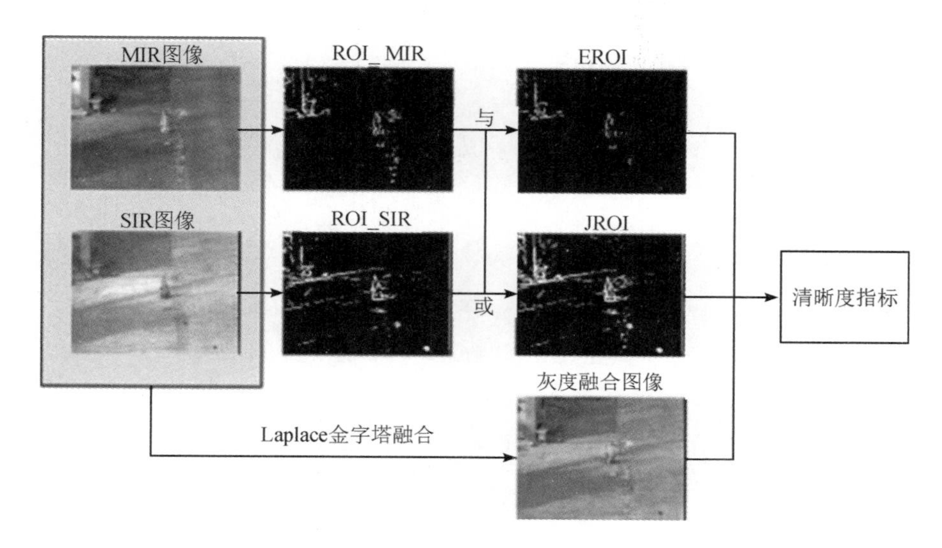

图 3.23　清晰度模型的计算流程

首先计算配准后的 SIR 和 MIR 图像的感兴趣区 ROI_SIR 以及 ROI_MIR。定义两者的并集为联合感兴趣区(Joint Region Of Interest，JROI)。定义两者的交集为有效感兴趣区(Effective Region Of Interest，EROI)，在 EROI 内的融合图像像素点通常为图像边界，具有较高的 Peli 高频带对比度。计算融合图像在 EROI 中的高频带对比度函数 $C_0(x, y)$，再除以融合图像在 JROI 中的高频带对比度函数 $C_0(x, y)$，可得到图像清晰度评价指标 C 为

$$C=-\frac{\sum_{(x, y)\in \mathrm{EROI}} C_0(x, y)}{\sum_{(x, y)\in \mathrm{JROI}} C_0(x, y)} \tag{3.26}$$

C 的取值越小，融合图像越清晰。

3.5.3　迭代优化

通过迭代优化算法可求解 C 的最小值。在本章中，采用模拟退火算法(Simulate Anneal，SA)进行迭代优化。SA 算法旨在找到多尺度空间下目标函数的最小值，且与初始值无关，通过算法求得的最优解与算法迭代的起点无关，算法具有渐进收敛性，是一种以概率收敛于全局最优解的全局优化算法。

下面详细介绍迭代优化过程。$\mathbf{SP}_T$ 代表搜索步长，N 为终止条件计数器，初始值为 0。

(1) 对于待配准的 SIR 图像，构建初始仿射变换矩阵 $\boldsymbol{P}_0$，定义其初始值为(1，0，0；0，1，0；0，0，1)，初始温度 $T=1000$，每个温度下的迭代次数为 k，然后计算图像清晰度评价指标 C。

(2) 在温度为 T 的情况下，计算搜索步长 $\mathbf{SP}_T$：

$$\mathbf{SP}_T=\begin{pmatrix} \frac{cT}{1000}\cdot \mathrm{sp}_1 & \frac{cT}{1000}\cdot \mathrm{sp}_4 & 0 \\ \frac{cT}{1000}\cdot \mathrm{sp}_2 & \frac{cT}{1000}\cdot \mathrm{sp}_5 & 0 \\ \frac{cT}{1000}\cdot \mathrm{sp}_3 & \frac{cT}{1000}\cdot \mathrm{sp}_6 & 1 \end{pmatrix} \tag{3.27}$$

其中：c 为[−1，1]之间的一个随机数；T 为不同时刻的退火温度，其值分别是 1000、100、10 和 1。

$$\mathbf{sp}=(\mathrm{sp}_1, \mathrm{sp}_2, \mathrm{sp}_3, \mathrm{sp}_4, \mathrm{sp}_5, \mathrm{sp}_6)=(10^{-2}, 10^{-2}, 10^{-2}, 10^{-2}, 1, 1) \tag{3.28}$$

(3) 初始化循环变量 $k=0$，终止条件计数器 $N=0$。

(4) 计算新的仿射变换矩阵 $\boldsymbol{P}'=\boldsymbol{P}+\mathbf{SP}_T$ 以及清晰度评价指标 C'。

(5) 计算清晰度评价指标的增量 $\Delta t=C'-C$，若 $\Delta t<0$，则 $\boldsymbol{P}=\boldsymbol{P}'$，$N=0$，否则 $\boldsymbol{P}$ 保持原值，$N=N+1$。

(6) 当 $N=10$ 或 $k=500$ 时，满足终止条件，输出此时的 $\boldsymbol{P}$ 和 C 作为最优解，结束程序，否则逐渐减少 $T(T>0)$，重复步骤(2)～(5)。

为了有效减少 SA 算法的搜索时间，对 $\boldsymbol{P}$ 中的各个元素设定了搜索上限和下限。一旦 $\mathbf{SP}_T$ 中某元素的值超过了所设置的界限，则用对应的上、下限来代替该值。本章定义的搜索上限 $\boldsymbol{l}$ 和搜索下限 $\boldsymbol{u}$ 分别为

$$\boldsymbol{l}=(0.8, -0.2, 0; -0.2, 0.8, 0; -20, -20, 1) \tag{3.29}$$

$$\boldsymbol{u}=(1.2, 0.2, 0; 0.2, 1.2, 0; 20, 20, 1) \tag{3.30}$$

3.6 多波段图像联合配准与融合实验

3.6.1 配准算法

采用 Laplace 金字塔融合算法生成灰度融合图像，采用文献[30]中提出的色彩传递方法生成彩色融合图像。下面介绍 3 种配准算法。

(1) 基于归一化互信息的图像配准算法(NMI 算法)。NMI 算法具有对图像间重叠区域大小不敏感的特征，在单模图像的配准中获得了较好的效果。

$$\mathrm{NMI}(\mathrm{SIR},\ \mathrm{MIR})=\frac{H(\mathrm{SIR})+H(\mathrm{MIR})}{H(\mathrm{SIR},\ \mathrm{MIR})} \tag{3.31}$$

式中，$H(\mathrm{SIR})$、$H(\mathrm{MIR})$分别为 SIR 图像和 MIR 图像的熵，$H(\mathrm{SIR},\ \mathrm{MIR})$是两幅图像的联合熵。

(2) 基于改进梯度互信息的图像配准算法(NGNMI 算法)。文献[6]中构建了一种改进梯度互信息算法，该算法直接统计梯度图像的互信息，有效地将图像梯度信息和灰度信息结合起来，不仅保证了图像配准精度，而且较传统梯度互信息方法减少了计算量。

$$\mathrm{NGNMI}(\nabla\mathrm{SIR},\ \nabla\mathrm{MIR})=\frac{H(\nabla\mathrm{SIR})+H(\nabla\mathrm{MIR})}{H(\nabla\mathrm{SIR},\ \nabla\mathrm{MIR})} \tag{3.32}$$

式中，∇SIR、∇MIR 分别表示短波红外与中波红外图像的梯度图。

(3) 基于相对全局综合尺寸误差的图像配准算法(ERGAS 算法)。文献[32]中提出了一种图像配准和融合联合处理的算法，采用下山单纯形算法来优化配准参数，并使用相对全局综合尺寸误差(ERGAS)来评估图像配准精度。对于 SIR 和 MIR 图像，ERGAS 可以表示为

$$\mathrm{ERGAS}=100\,\frac{\mathrm{RSME}(B)}{M(\mathrm{SIR})} \tag{3.33}$$

式中，$M(\mathrm{SIR})$表示配准后的 SIR 图像的平均灰度，$\mathrm{RSME}(B)$表示融合图像和配准后的 SIR 图像之间的光谱信息差异，有

$$\mathrm{BMSE}(B)=\sqrt{\frac{1}{WH}\sum_{x=1}^{W}\sum_{y=1}^{H}[\mathrm{SIR}(x,\ y)-\mathrm{Fused}(x,\ y)]^2} \tag{3.34}$$

其中，W 和 H 分别表示融合图像的宽度和高度，$\mathrm{SIR}(x,\ y)$和 $\mathrm{Fused}(x,\ y)$表示短波红外和融合图像在点$(x,\ y)$处的灰度。

3.6.2 实验数据

利用短波红外和中波红外信息感知融合系统采集的 8 组不同场景图像和 2 组 OTCVBS 数据库提供的红外和可见光源图像对本章的方法进行测试。8 组图像包括南京中山陵周围的各种场景：远处山景、建筑以及近处的房屋、树木。图像采集时间为 2015 年 3 月 19 日 17 时，环境温度为 15°，天气阴，PM2.5 指标为 153，属于中度污染天气。图 3.24～3.33 给出了 10 组场景的对比结果，场景包括山峦、城市、街道和草地等，涵盖了夜视监控领域常见的目标和背景。其中有的场景细节较为清楚，另一些场景则缺少细节信息；有的场景目标较为明显，另一些则没有显著的目标。这样设计实验，可以有效地考察各种图像配准算法的稳定性，从而保证多传感器融合系统具有更广泛的应用场景。

实验1：图3.24(a)、(b)给出的是距离探测器约50 m处障碍物的中波红外和短波红外图像，图中左上方为建筑的边缘，图像中央是两个道路施工障碍物。通过对比可以发现，对于这个场景，NMI算法和ERGAS算法的图像配准效果较差，图3.24(d)中左上方建筑没有配准，图像中央的障碍物边缘也不清晰。图3.24(f)中整幅图像完全失配。而NGNMI算法和本章提出的联合配准算法的图像配准效果较好，建筑和障碍物边缘清晰，图像颜色较为鲜艳，与参考图像(见图3.24(c))相似性高。

(a) 中波红外图像

(b) 短波红外图像

(c) 彩色参考图像

(d) NMI算法配准后的融合图像

(e) NGNMI算法配准后的融合图像

(f) ERGAS算法配准后的融合图像

(g) 本章算法配准后的融合图像

图3.24 实验1场景对比结果

实验2：图3.25(a)、(b)给出的是距离探测器约200 m处建筑的中波红外和短波红外图像，图像中央是一排矮小的房屋建筑，远处是高层建筑和山峦。通过对比可以发现，对于这个场景，ERGAS算法的图像配准效果最差，图3.25(f)完全失配，NMI、NGNMI算法和本章提出的联合配准算法的图像配准效果均不错，图像中近处的矮小房屋和远处的山峦都有不错的图像配准效果，但是相比之下，本章提出算法的融合图像颜色最为鲜艳，与参考图像(见图 3.25(c))相似性最高。

(a) 中波红外图像

(b) 短波红外图像

(c) 彩色参考图像

(d) NMI算法配准后的融合图像

(e) NGNMI算法配准后的融合图像

(f) ERGAS算法配准后的融合图像

(g) 本章算法配准后的融合图像

图 3.25　实验 2 场景对比结果

实验 3：图 3.26(a)、(b)给出的是距离探测器约 4100 m 处中山陵的中波红外和短波红外图像，图像左下角是中山陵，图像右下角是距离探测器约 30 m 的树木，远处是山峦和天空。通过对比可以发现，对于这个场景，NMI 算法和 ERGAS 算法的图像配准效果最差，图 3.26(d)、(f)完全失配，NGNMI 算法和本章提出的联合配准算法的图像配准效果较好，但是仔细观察，发现图 3.26(e)中右下角的树木没有完全配准，而图 3.26(g)中的树木完全配准了。相比之下，本章提出的联合配准算法的图像配准精度最高。

(a) 中波红外图像

(b) 短波红外图像

(c) 彩色参考图像

(d) NMI算法配准后的融合图像

(e) NGNMI算法配准后的融合图像

(f) ERGAS算法配准后的融合图像

(g) 本章算法配准后的融合图像

图 3.26 实验 3 场景对比结果

实验 4：图 3.27(a)、(b)给出的是距离探测器约 4000 m 处灵谷寺的中波红外和短波红外图像，图像中近处是距探测器 200 m 的电线杆，远处是紫金山和天空。通过对比可以发现，ERGAS 算法的图像配准效果最差，图 3.27(f)完全失配，NMI 算法次之，图像中近处的建筑边缘都比较模糊，存在重影。NGNMI 算法和本章提出的联合配准算法的图像配准效果较好，两幅图像的色彩也较为鲜艳，与参考图像(见图 3.27(c))的颜色较为一致。

(a) 中波红外图像

(b) 短波红外图像

(c) 彩色参考图像

(d) NMI算法配准后的融合图像

(e) NGNMI算法配准后的融合图像

(f) ERGAS算法配准后的融合图像

(g) 本章算法配准后的融合图像

图 3.27　实验 4 场景对比结果

实验 5：图 3.28(a)、(b)给出的是紫金山的中波红外和短波红外图像，图像中左侧是距探测器约 2500 m 的地震台，图像中右侧是距探测器约 4000 m 的灵谷寺，近处的建筑距探测器约 1200 m，远处是紫金山和天空。通过对比可以发现，对于这个场景，NMI 算法和 NGNMI 算法的图像配准效果最差，图 3.28(d)、(e)完全失配，ERGAS 算法的图像配准精度较差，虽然图像中远处紫金山的边界线较为清楚，但是近处的建筑边缘都比较模糊，存在重影，图像中左侧的地震台完全失配。本章提出的算法的配准效果最好，图像中近处的树木、建筑，图像中左侧的地震台和图像中右侧的灵谷寺都有很好的图像配准效果，远处紫金山的边界线十分清楚没有重影。此外图 3.28(g)的色彩最鲜艳，与参考图像(见图 3.28(c))的颜色最为一致。

(a) 中波红外图像

(b) 短波红外图像

(c) 彩色参考图像

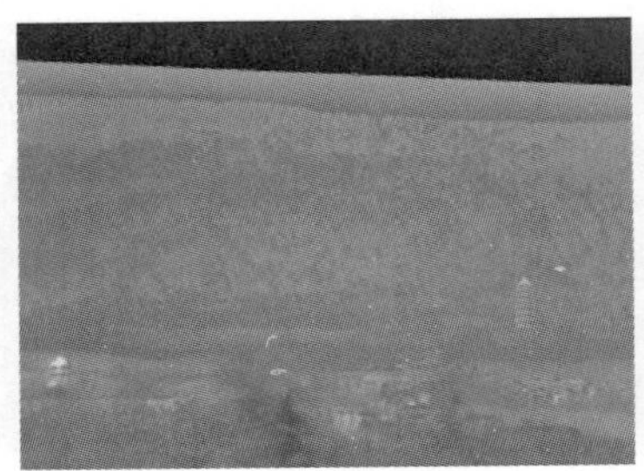

(d) NMI算法配准后的融合图像

(e) NGNMI算法配准后的融合图像

(f) ERGAS算法配准后的融合图像

(g) 本章算法配准后的融合图像

图 3.28 实验 5 场景对比结果

实验 6：图 3.29(a)、(b)给出的是距离探测器 50 m 处建筑的中波红外和短波红外图像，图像中左下角是老式的三轮车，右上角是摩托车，右下角是道路施工障碍物。由图3.29可以看出，NMI 算法的图像配准效果最差，图 3.29(d)完全失配，NGNMI 算法次之，三轮车、摩托车和障碍物都有一定的失配。ERGAS 算法和本章提出的算法的图像配准精度最高，但是图 3.29(f)中右下角的障碍物边缘不够清晰，有些重影，而图 3.29(g)则边界清晰，由此可知本章提出的联合配准算法的图像配准效果最好。此外图 3.29(f)、(g)的色彩较为鲜艳，与参考图像(见图 3.29(c))的颜色一致。

(a) 中波红外图像

(b) 短波红外图像

(c) 彩色参考图像

(d) NMI算法配准后的融合图像

(e) NGNMI算法配准后的融合图像

(f) ERGAS算法配准后的融合图像

(g) 本章算法配准后的融合图像

图 3.29　实验 6 场景对比结果

实验 7：图 3.30(a)、(b)给出的是距离探测器 1500 m 处建筑的中波红外和短波红外图像，图像中左侧是医院建筑，左上角是天空，右下角是近处的树木，图像中央是紫金山。由图 3.30 可以看出，NMI 算法和 ERGAS 算法的图像配准效果最差，图 3.30(d)、(f)完全失配，NGNMI 算法和本章提出的算法的图像配准精度较高，图 3.30(e)、(g)中各个景物的边缘都很清晰，色彩鲜艳，与参考图像(见图 3.30(c))的颜色一致。

(a) 中波红外图像

(b) 短波红外图像

(c) 彩色参考图像

(d) NMI算法配准后的融合图像

(e) NGNMI算法配准后的融合图像

(f) ERGAS算法配准后的融合图像

(g) 本章算法配准后的融合图像

图 3.30 实验 7 场景对比结果

实验 8：图 3.31(a)、(b)给出的是距离探测器 4100 m 处中山陵的中波红外和短波红外图像，图像中央是中山陵，图像中左下角和右下角是距离探测器约 30m 的树木，图像的背景是紫金山和天空。对比发现，NMI 算法和 ERGAS 算法的图像配准效果最差，图 3.31(d)、(f)均出现了比较大的失配，NGNMI 算法次之，山峦的边界线和近处的树木都存在着重影，本章提出的联合配准算法的图像配准精度最高，图 3.31(g)中各个景物的边缘都很清晰，色彩鲜艳，特别是蓝天的颜色，与参考图像(见图 3.31(c))的颜色最为一致。

(a) 中波红外图像

(b) 短波红外图像

(c) 彩色参考图像

(d) NMI算法配准后的融合图像

(e) NGNMI算法配准后的融合图像

(f) ERGAS算法配准后的融合图像

(g) 本章算法配准后的融合图像

图 3.31　实验 8 场景对比结果

实验 9：图 3.32(a)、(b)给出的是 OTCVBS 数据库提供的中波红外和可见光源图像，图像中央是街道和行人，周围是草坪和建筑。由图 3.32 可以看出，4 种图像配准算法的效果均不错，但是通过仔细观察，可以发现图像中左下角的 O 型建筑均有一定的失配，其中图 3.32(e)、(f)较大，图 3.32(d)、(g)较小，此外，图 3.32(e)、(g)中的行人目标清晰度较高，图 3.32(d)、(f)中的行人目标清晰度较差。该组图像通过肉眼很难区分优劣，需要用专门的评价参数来进行评价。

(a) 中波红外图像

(b) 可见光图像

(c) 彩色参考图像

(d) NMI算法配准后的融合图像

(e) NGNMI算法配准后的融合图像

(f) ERGAS算法配准后的融合图像

(g) 本章算法配准后的融合图像

图 3.32 实验 9 场景对比结果

实验 10：图 3.33(a)、(b)给出的也是 OTCVBS 数据库提供的中波红外和可见光源图像，图像中央是街道和行人，图像中上方是建筑。对于这个场景，NMI 算法和 ERGAS 算法出现了一定的图像配准误差，其中图 3.33(d)、(f)中的人物均未配准，右侧车辆也出现了失配的情况。NGNMI 算法的图像配准效果次之，图 3.33(e)中的电线杆出现了失配。相比之下本章提出的联合配准算法的整体图像配准效果较好。

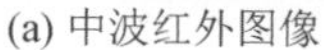

(a) 中波红外图像

(b) 可见光图像

(c) 彩色参考图像

(d) NMI算法配准后的融合图像

(e) NGNMI算法配准后的融合图像

(f) ERGAS算法配准后的融合图像

(g) 本章算法配准后的融合图像

图 3.33　实验 10 场景对比结果

通过以上 10 组实验的比较分析，可以发现 NMI 算法和 ERGAS 算法的图像配准结果仅对其中少数的场景有效，算法的稳定性和鲁棒性较差。NGNMI 算法的图像配准结果能够对大多数场景有效，但是对于实验 5 和实验 8，图像配准结果不太理想。本章提出的联合配准算法的图像配准结果能够有效地应用于所有场景，算法的稳定性和鲁棒性最佳。

3.6.3　实验结果与分析

为了客观定量地衡量各种算法的性能，利用归一化互相关函数(Normalized Cross-Correlation，NCC)和边缘信息评价因子(Edge Information Evaluation Factor，QABF)对算法结果进行客观评价。NCC 的定义为

$$\mathrm{NCC}(\mathrm{SIR},\ \mathrm{MIR})=\frac{\sum\limits_{0\leqslant i\leqslant W,\ 0\leqslant j\leqslant H}(I_{\mathrm{SIR}}(i,\ j)-\overline{I_{\mathrm{SIR}}})(I_{\mathrm{MIR}}(i,\ j)-\overline{I_{\mathrm{MIR}}})}{\sqrt{\sum\limits_{0\leqslant i\leqslant W,\ 0\leqslant j\leqslant H}(I_{\mathrm{SIR}}(i,\ j)-\overline{I_{\mathrm{SIR}}})^2(I_{\mathrm{MIR}}(i,\ j)-\overline{I_{\mathrm{MIR}}})^2}} \tag{3.35}$$

式中，W 和 H 分别表示图像的宽度和高度，I_{SIR} 和 I_{MIR} 分别表示短波红外图像和中波红外图像像素值，$\overline{I_{\mathrm{SIR}}}$ 和 $\overline{I_{\mathrm{MIR}}}$ 分别表示短波红外图像和中波红外图像的平均灰度。NCC 表征两幅图像间的互相关性，其值范围在[－1, 1]之间，值越接近 1，表明两幅图像的相关性越高。

QABF 的定义为

$$\mathrm{QABF}(\mathrm{SIR},\ \mathrm{MIR})=\frac{\sum\limits_{0\leqslant i\leqslant W,\ 0\leqslant j\leqslant H}(\mathrm{QAF}(i,\ j)g_A(i,\ j)+\mathrm{QBF}(i,\ j)g_B(i,\ j))}{\sum\limits_{0\leqslant i\leqslant W,\ 0\leqslant j\leqslant H}(g_A(i,\ j)+g_B(i,\ j))} \tag{3.36}$$

式中，QABF 表示融合图像 F 相对于源图像 SIR、MIR 的整体边缘保留量，QAF 和 QBF 分别表示融合图像 F 相对于源图像 SIR、MIR 的边缘保留量，g_A 和 g_B 分别表示源图像 SIR、MIR 的边缘强度。QABF 反映了源图像与融合图像边缘信息的传递量，其大小越接近 1，说明边缘传递越好，图像融合效果也就越好。

表 3.1 显示了 10 组实验中各算法图像配准结果的 NCC 和 QABF 的详细对比情况。

表 3.1　NCC 和 QABF 对比结果

实验	NCC				QABF			
	NMI	NGNMI	ERGAS	F	NMI	NGNMI	ERGAS	F
实验 1	0.7954	**0.7962**	0.6332	0.7557	0.4625	0.4627	0.4583	**0.4675**
实验 2	**0.8185**	0.7912	0.7771	0.7850	**0.4484**	0.4422	0.4338	0.4418
实验 3	0.4056	0.9625	0.7746	**0.9633**	0.4648	0.5764	0.5646	**0.5789**
实验 4	0.8518	0.9223	0.6270	**0.9240**	0.4538	0.4329	0.4218	0.4307
实验 5	0.4514	0.5850	0.8189	**0.8540**	0.5466	0.5386	0.584	**0.5851**
实验 6	0.6926	0.7239	0.6747	**0.8349**	0.3817	0.4062	0.4118	**0.4187**
实验 7	0.1000	**0.7825**	0.6729	0.7811	0.3321	**0.4557**	0.4307	0.4556
实验 8	0.7987	**0.9099**	0.8573	0.8526	0.4693	**0.4829**	0.4868	0.4808
实验 9	0.3208	0.3079	**0.3317**	0.3192	0.2466	0.2496	**0.2788**	0.2505
实验 10	0.4286	**0.4532**	0.3864	0.4414	0.2493	0.2624	**0.2853**	0.2718
平均	0.5663	0.7235	0.6554	**0.7511**	0.4055	0.4310	0.4356	**0.4381**

通过 10 组实验数据的对比可以看出：NMI 算法对环境的适应性较差，对于灰度变化明显且边缘较为简单的图像配准效果较好(如实验 1、2、8、9)，对于灰度变化缓慢、边缘信息复杂的图像配准效果较差(如实验 3 至实验 7 的图像)，出现了失配的情况；NGNMI 算法由于加入了边缘梯度信息，因此对环境的适应性较好，但是第 5 组实验中，由于图像中边界较少且不明显，灰度区分不大，算法出现了明显的失配；同样，ERGAS 算法在边缘信息丰富的图像中有着较好的配准效果(如实验 6、10)，因此该算法适用于低分辨率多光谱与高分辨率全色图像融合，但是在缺少边界的多波段红外图像融合领域的图像配准效果并不理想；本章提出的方法在 10 组不同实验场景中都实现了图像的配准，同时 10 组实验的 NCC 和 QABF 的均值也最高。图 3.34 为实验 5 中第 100 列到第 200 列的 NCC 值对比图，从图中可以看出：多波段图像联合配准与融合算法的 NCC 值要高于其他 3 种算法，大多数点的数值超过了 0.8，达到了高度相关，而 NMI 算法和 NGNMI 算法则为 0.7 甚至更低。综上所述，多波段联合配准与融合方法的配准结果较为稳定，且平均 NCC 值也最高，显然，对于雾霾天气下的野外山林、建筑等图像，多波段图像联合配准与融合算法具有更好的图像配准精度和融合质量。

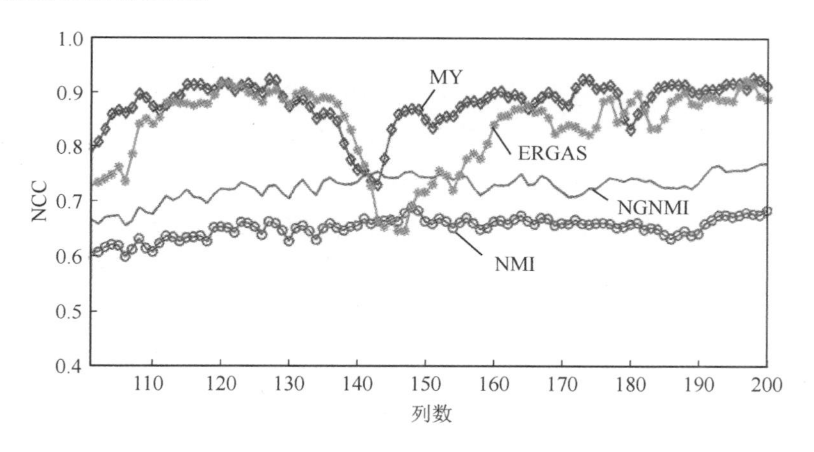

图 3.34 实验 5 中第 100 列到第 200 列的 NCC 值对比图

为了得到更好的迭代优化结果，我们选择模拟退火法(SA)进行目标函数的收敛，SA 算法的优点是优化结果接近理论最佳，缺点是收敛较慢，耗时较久。在实际应用中，可以采用较为快速的优化方法，如粒子群优化算法(PSO)等。对于 10 组实验数据，分别用 4 种图像配准算法进行测试，每种算法仿真 20 次，以检验算法的平均计算时间和失配率。试验计算机配置为：英特尔酷睿 i3-2.01 GHz 处理器，4 GB 内存。软件运行环境为 Matlab2012a。各算法对 10 组实验数据的平均计算时间和失配率如表 3.2 所示。

表 3.2 10 组实验数据平均计算时间和失配率对比结果

实验	NMI		NGNMI		ERGAS		F	
	时间/s	失配率/%	时间/s	失配率/%	时间/s	失配率/%	时间/s	失配率/%
实验 1	26.427	20	27.583	0	22.142	0	46.641	0
实验 2	26.826	0	26.750	85	24.440	100	54.550	0
实验 3	26.755	100	26.830	0	21.339	100	48.284	0
实验 4	26.450	95	26.595	0	22.005	100	46.714	0
实验 5	26.774	100	26.650	100	25.024	100	46.207	0
实验 6	26.679	100	26.945	0	21.795	0	49.866	0
实验 7	26.530	100	27.430	30	22.112	0	47.213	0
实验 8	28.440	80	29.810	0	21.819	0	48.055	0
实验 9	27.330	10	26.836	45	24.008	0	48.620	5
实验 10	27.137	45	30.101	40	24.423	0	50.202	0
平均	26.535	65	27.453	30	22.511	60	48.535	0.5

通过表 3.2 可以看出，针对 10 组不同场景的 200 次仿真实验，本章提出的算法失配率最低，200 次实验只出现一次失配。NMI 算法出现了 130 次失配，失配率高达 65%，ERGAS 算法出现了 120 次失配，失配率为 60%，NGNMI 算法效果较好，只出现了 60 次失配，而且主要集中在实验 2、5、9、10。由此可见，对于雾霾天气下的山林、建筑等边缘信息不突出的场景，本章提出的图像配准算法相比目前主流的配准算法而言，具有更好的鲁棒性。

同样可以从表 3.2 中看出，模拟退火算法的优点是算法计算精度高，缺点是迭代时间较长，用本章提出的算法处理一个场景的时间大约为 40 s，不利于工程实现。因此在设计系统时，需要对短波红外探测器和中波红外探测器进行前端光学校正，实现短波红外图像和中波红外图像的粗配准。前端光学校正方法的研究将在下一章介绍，经过光学校正后，可以将搜索的上、下限缩小，即

$$\boldsymbol{l}=(0.95,\ -0.05,\ 0;\ -0.05,\ 0.95,\ 0;\ -5,\ -5,\ 1)$$

$$\boldsymbol{u}=(1.05,\ 0.05,\ 0;\ 0.05,\ 1.05,\ 0;\ 5,\ 5,\ 1)$$

此时的运算时间缩短到 2 s 以内。

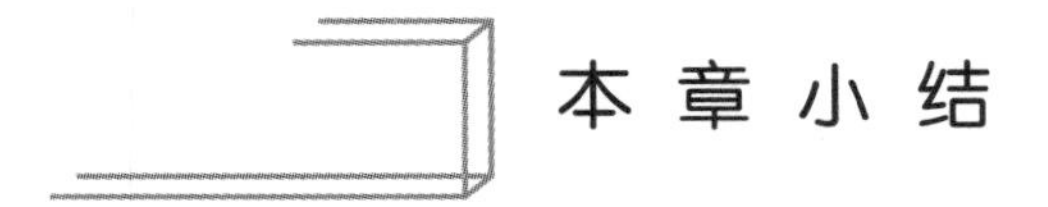

本章小结

本章针对夜视监控领域图像配准和融合的难点，将图像配准过程和图像融合过程结合

考虑，提出了一种通过寻找最优配准参数来获得最佳图像融合性能的联合配准和融合方法，通过计算融合图像感兴趣区和清晰度两个特征信息所构成的融合质量评价函数，得到最佳的仿射变换矩阵，使得多波段红外图像在保证图像配准精度的条件下得到最好的融合图像质量。

我们利用10组真实场景的多传感器图像进行了实验，实验结果充分证明多波段图像联合配准与融合算法不但具有较好的图像配准效果，且算法稳定性强，失配率极低，适用于复杂苛刻的战场环境下的夜视监控。

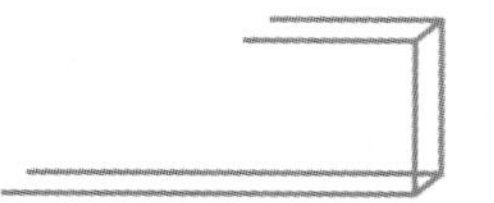

本章参考文献

[1] 丁南南. 基于特征点的图像配准技术研究[D]. 长春：中国科学院研究生院，2012.

[2] BARBARA Z, JAN F. Image registration methods: a survey[J]. Image and Vision Computing, 2003, 21(11): 977-1000.

[3] HASSAN F, ZERUBIA J B, MARC B. Extension of phase correlation to subpixel registration[J]. IEEE Transactions on Image Processing, 2002, 11(3): 188-200.

[4] PLUIM J P W, MAINTZ J B A, et al. Image registration by maximization of combined mutual information and gradient information[J]. IEEE Transactions on Medical Imaging, 2000, 19(8): 809-815.

[5] SKOUSON M B, GUO Q, LIANG Z P. A bound on mutual information for image registration[J]. IEEE Transactions on Medical Imaging, 2001, 20(8): 843-846.

[6] 柏连发，韩静，张毅，等. 采用改进梯度互信息和粒子群优化算法的红外与可见光图像配准算法[J]. 红外与激光工程，2012，41(1)：248-255.

[7] 宋智礼. 图像配准技术及其应用的研究[D]. 上海：复旦大学，2012.

[8] 赵向阳，杜立民. 一种全自动稳健的图像自动拼接融合算法[J]. 中国图象图形学报，2004，9(4)：417-422.

[9] 刘贵喜，周亚平，刘冬梅，等. 基于单演相位的红外图像配准[J]. 弹箭与制导学报，2008，28(6)：269-272.

[10] FAN X, RHODY H, SABER E. A Spatial-Feature-Enhanced MMI Algorithm for Multimodal Airborne Image Registration[J]. IEEE Transactions on Geoscience and Remote Sensing, 2010, 48(6): 2580-2589.

[11] LOWE D. Distinctive Image Features from Scale-Invariant Keypoints[J]. International Journal of Computer Vision, 2004, 60(2): 91-110.

[12] FERNANDES L A F, OLIVEIRA M M. Real-time line detection through an improved Hough transform voting scheme[J]. Pattern Recognition, 2008, 41(1):

299－315.

[13] 支力佳，张少敏，赵大哲，等. 基于最小生成树的DoG关键点医学图像配准[J]. 中国图象图形学报，2011，16(4)：647－654.

[14] CHAOBO M，ZHANG J，CHANG B，et al. New method for unsupervised segmentation of moving objects in infrared videos[J]. Journal of Electronic Imaging，2013，22(4)：6931－6946.

[15] CHAOBO M，ZHANG J，CHANG B，et al. Spatio-temporal segmentation of moving objects using edge features in infrared videos[J]. Optik-International Journal for Light and Electron Optics，2014，125(7)：1809－1816.

[16] COMANICIU D，MEER P. Mean Shift：A Robust Approach Toward Feature Space Analysis[J]. IEEE Transactions on Pattern Analysis and Machine Intelligence，2002，24(5)：603－619.

[17] 曾德贤，赵继广，曾朝阳. 基于简化仿射变换模型的图像配准方法[J]. 装备指挥技术学院学报，2005，16(1)：85－87.

[18] 曾文山，李树山，王江安. 基于仿射变换模型的图像配准中的平移、旋转和缩放[J]. 红外与激光工程，2001，30(1)：17－20.

[19] 田思. 微光与红外图像实时融合关键技术研究[D]. 南京：南京理工大学，2010.

[20] 孙玉秋，田金文，柳健. 基于图像金字塔的分维融合算法[J]. 计算机应用，2005，25(5)：1073－1075.

[21] 曹倩. 红外与微光图像融合实时处理器改进与算法研究[D]. 南京：南京理工大学，2007.

[22] 周欣. 二维经验模式分解(BEMD)在图像处理中的应用[D]. 武汉：华中科技大学，2004.

[23] RILLING G，FLANDRIN P，GON P，et al. Bivariate Empirical Mode Decomposition[J]. IEEE Signal Processing Letters，2007，14(12)：936－939.

[24] DAMERVAL C，MEIGNEN S，PERRIER V. A fastalgorithm for bidimensional EMD[J]. IEEE Signal Processing Letters，2005，12(10)：701－704.

[25] 李郁峰，冯晓云，徐铭蔚. 基于多尺度top-hat分解的红外与可见光图像增强融合[J]. 红外与激光工程，2012，41(10)：2825－2832.

[26] 赵鹏，倪国强. 基于多尺度柔性形态学滤波器的图像融合[J]. 光电子·激光，2009，20(9)：1243－1247.

[27] 李英杰，张俊举，常本康，等. 一种多波段红外图像联合配准和融合方法[J]. 电子与信息学报，2016，38(1)：8－14.

[28] YONG S K，LEE J H，RA J B. Multi-sensor image registration based on intensity and edge orientation information[J]. Pattern Recognition，2008，41(11)：

3356－3366.

[29] 高绍姝，金伟其，王霞，等．可见光与红外彩色融合图像感知清晰度评价模型[J]．光谱学与光谱分析，2012，32(12)：3197－3202.

[30] TOET A. Natural color mapping for multiband night vision imagery [J]. Information Fusion，2003，4(1)：155－166.

[31] 柏连发，韩静，张毅，等．采用改进梯度互信息和粒子群优化算法的红外与可见光图像配准算法[J]．红外与激光工程，2012，41(1)：248－255.

[32] ZHANG Q，CAO Z，HU Z，et al. Joint Image Registration and Fusion for Panchromatic and Multispectral Images[J]. Geoscience and Remote Sensing Letters IEEE，2015，458(1)：63－69.

[33] XYDEAS C S，PETROVIC V. Objective image fusion performance measure[J]. Electronics Letters，2000，36(4)：308－309.

[34] TRELEA I C. The particle swarm optimization algorithm：convergence analysis and parameter selection[J]. Information Processing Letters，2003，85(6)：317－326.

第4章 多传感器图像融合前端光学测试系统设计与实现

4.1 概　　述

在多波段红外图像联合配准和融合时，短波红外图像与中波红外图像的偏差如果太大，就会影响算法处理的时间。为了减少算法处理时间，实现硬件集成，需要研究多传感器图像之间进行平移、旋转和缩放等变换时配准误差产生的原因，通过设计前端光学测试系统的校正方法来实现短波红外图像和中波红外图像的粗配准。

本章重点介绍多传感器图像融合前端光学测试系统的设计与实现过程，通过测试不同传感器的视场大小、光轴平行度夹角、图像分辨率以及图像中心配准精度，最终确保多传感器图像的配准精度小于0.5个像素。

4.2 系统光学测试原理

根据仿射变换模型，可以把多传感器图像之间的配准关系分解为平移变换、缩放变换和旋转变换。如图4.1所示(x、y轴构成水平面，y、z轴构成垂直面)，不同传感器的视场不同，会导致图像之间存在缩放变换；传感器之间出现相对旋转，会导致图像之间存在旋转变换；传感器光轴在水平方向上存在夹角，会导致水平方向出现平移变换；传感器光轴在垂直方向上存在夹角，会导致垂直方向出现平移变换。通过测定多传感器的视场大小可以校正待配准图像之间的缩放误差；通过测定多传感器之间的光轴夹角可以校正待配准图像之间的平移、旋转误差；而通过测量融合图像的分辨率能够定性地表征图像配准程度；通过测量图像中心配准精度可以定量地描述图像配准程度。因此，为了能够在实验室内对多传感器融合系统的光学性能进行全面的测试和评价，需要研究多传感器图像融合前端光学测试方法，设计多传感器图像融合前端光学测试系统。

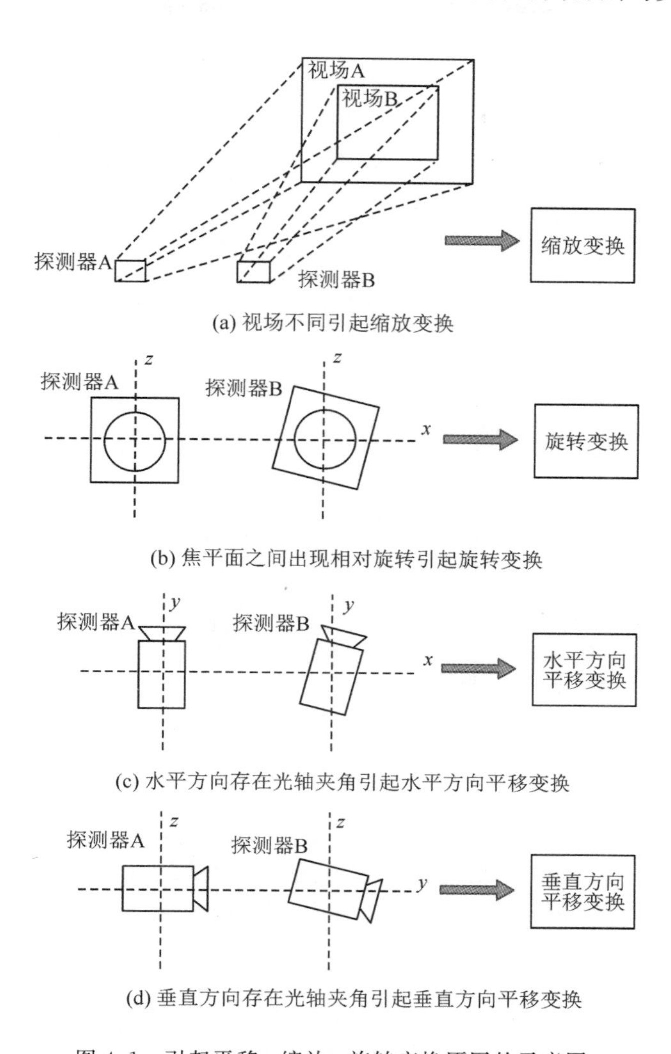

图 4.1　引起平移、缩放、旋转变换原因的示意图

4.3　多传感器图像融合前端光学测试系统设计

4.3.1　系统组成和设计指标

多传感器图像融合前端光学测试系统主要用于测试多传感器融合系统的光学视场、光轴平行度、多传感器融合图像的分辨率及图像配准精度等参数。多传感器图像融合前端光学测试系统组成如图 4.2 所示，该系统由目标发生模块、接收模块、光学与机械装置、图像及测试数据处理模块组成。

目标发生模块由积分球、工作电源、透光度调节机构、靶标、红外辐射源及驱动电路构成。积分球内集成了标准光源，色温为 2856 K，会产生均匀的白光和近红外光谱。透光度

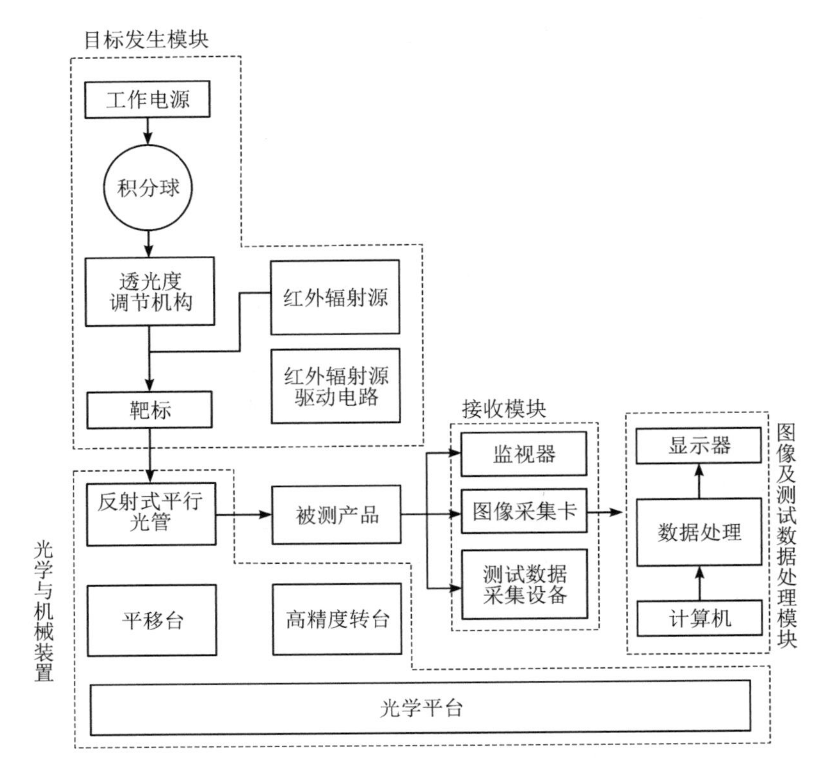

图 4.2 多传感器图像融合前端光学测试系统组成

调节机构内嵌 4 片中性衰减片，对光强度进行衰减，可满足可见光、微光和短波红外探测器的测试需要。红外辐射源用于产生中波、长波红外辐射，满足红外热像仪的测试需要。靶标通过金属平板激光刻蚀加工获得。靶标图案有多种，如十字靶标用于测试光轴平行度、光学视场等，分辨率测试靶标用于测试融合系统的分辨率。靶标安装在转台上并放置在反射式平行光管的焦点上。靶标图案会通过反射式平行光管的光路投射到被测产品的像面上。反射式平行光管由离轴抛物面反射镜、平面反射镜等组成。图 4.3 给出了多传感器图像融合前端光学测试系统的原理框图。

多传感器图像融合前端光学测试系统的设计指标如表 4.1 所示。

表 4.1 多传感器图像融合前端光学测试系统的设计指标

参数名称	指　标
视场测试精度	≤0.5%
光轴平行度测试精度	0.05 mrad
分辨率测试精度	靶标最高分辨率为 10 lp/mm
靶标辐射波段	0.39～13 μm
工作温度	0～40℃
存储温度	－10～70℃

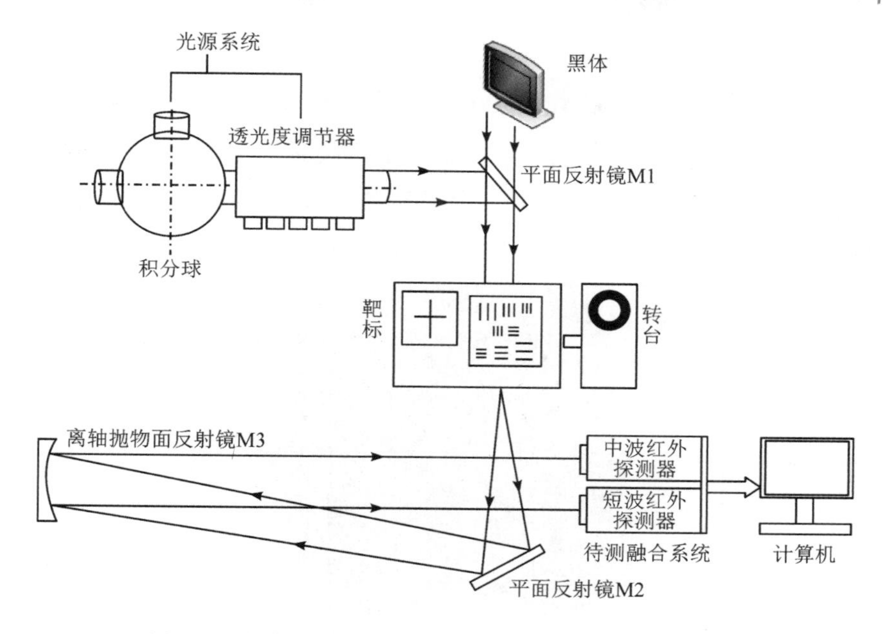

图 4.3　多传感器图像融合前端光学测试系统的原理框图

4.3.2　光源设计

1. 可见光光源设计

可见光光源由卤钨灯、透光度调节机构和积分球 3 个部分组成，出射光强应均匀可调。透光度调节机构对透过光强起衰减作用。本设计采用 12 V 直流电源和 50 W 的卤钨灯。其中：卤钨灯是符合标准的白光光源，其色温为 2856 K；12 V 直流电源用于驱动卤钨灯。可见光光源实物图如图 4.4 所示。

图 4.4　可见光光源实物图

2. 红外辐射源设计

本设计选用面源黑体作为光学测试系统的红外辐射源。面源黑体是一种稳定的红外辐射源，室温下，其辐射的能量集中在长波电磁辐射和远红外波段。本设计选用的面源黑体的温度范围为5～100℃，最小可分辨温度为0.1℃，加热功率为300 W(220(1±10%)V，黑体口径为110 mm。红外辐射源(面源黑体)实物图如图4.5所示。

图4.5 面源黑体实物图

4.3.3 靶标设计

根据不同的测试内容设计不同的靶标。针对融合系统视场大小的测试和光轴平行度的测试，需要设计金属丝十字靶标；针对融合系统分辨率的测试，需要设计金属镂空的分辨率测试靶标。

1. 十字靶标设计

为保证融合系统中的各探测器都能探测到十字分划线，设计了金属丝十字靶标。靶丝经过通电加热，发出的红外辐射可以轻易地被红外探测器捕获。同时，将积分球发射的均匀光源作为背景光，也能够轻易地从可见光探测器和微光探测器中找到靶丝所成的像。本设计选用0.05 mm的钨丝作为十字靶标的靶丝，十字靶标的尺寸为100 mm×100 mm。十字靶标实物图如图4.6所示。

图4.6 十字靶标实物图

2. 分辨率测试靶标设计

测试融合系统分辨率时，分别用可见光光源和红外辐射源照射处于平行光管焦平面上的分辨率靶板，光源的光线经由平行光管产生平行光后进入被测系统，被测系统开启并将其视频输出连接到监视器上，在监视器上可观察分辨率靶板是否清楚。分辨率测试靶标采用四杆靶形式，其实物图如图 4.7 所示。

图 4.7　分辨率测试靶标实物图

4.3.4　反射式平行光管设计

反射式平行光管光学系统是测试系统中最重要的组成部分。它采用离轴抛物面反射镜和平面反射镜组合的方式产生平行光。由图 4.3 可知，光学系统包括离轴抛物面反射镜 M3 及平面反射镜 M1 和 M2。其中，离轴抛物面反射镜焦距 f 为 3000 mm，有效通光孔径 ϕ 为 300 mm，面型精度为 $\lambda/4$。图 4.8 为离轴抛物面反射镜的实物图。

图 4.8　离轴抛物面反射镜实物图

离轴抛物面反射镜取自抛物面离轴的一部分。实际上，整个抛物面为其母线 $y(x)$绕轴旋转而成。在图 4.9 所示的坐标系下，设离轴抛物面反射镜的顶点为坐标原点 O，水平轴为 x 轴，靶标所在方向为 y 轴正方向，离轴抛物面反射镜所在位置的方程为

$$y^2(x)=4f\cdot x \tag{4.1}$$

图中，$F(f, 0)$为焦点，f 为离轴抛物面反射镜焦距。根据式(4.1)可知，凡是从焦点 F 处发出的光，经过离轴抛物面反射镜后变为平行光。如图 4.9 所示，利用这一特性，将靶标放在焦点 F 处，并将待测融合系统置于区域 A，此时探测器相当于在观测无穷远处的一个目标。

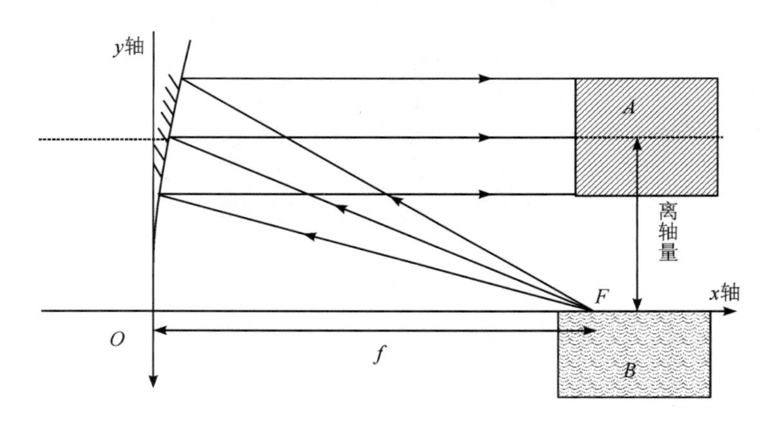

图 4.9 离轴抛物面反射镜光路图

为了保证光路的必要转向而不影响光路性质，光路中还设置了两个平面反射镜 M1 和 M2。M1 是光射线进入光路的转角平面反射镜。平面反射镜 M2 与离轴抛物面反射镜 M3 组合构成双反射镜准直光学系统，它将离轴抛物面反射镜的焦点引到轴外，避免了放置器件对光路的遮挡。

4.3.5 机械结构设计

1. 多维调节装置设计

作为精密的光学测试系统，多传感器图像融合前端光学测试系统光路中各个光学仪器的位置及与光轴的夹角会影响最终调校结果，因此需要对它们进行细致的调整，以保证得到理想的结果。本测试系统中设计了多个多维调节装置，分别用于对不同的光学设备位置进行精密调节。

本测试系统中所确定的最小可分辨角为 0.05 mrad，反射镜的焦距为 3000 mm，由此可知，本测试系统要求十字分划线的移动精度小于 0.15 mm。本多维调节装置选用上海联谊光纤激光器公司的五维转台，以实现水平方向的二维平移，垂直方向的二维倾斜以及一维 360°旋转。图 4.10 给出了五维转台三视图。

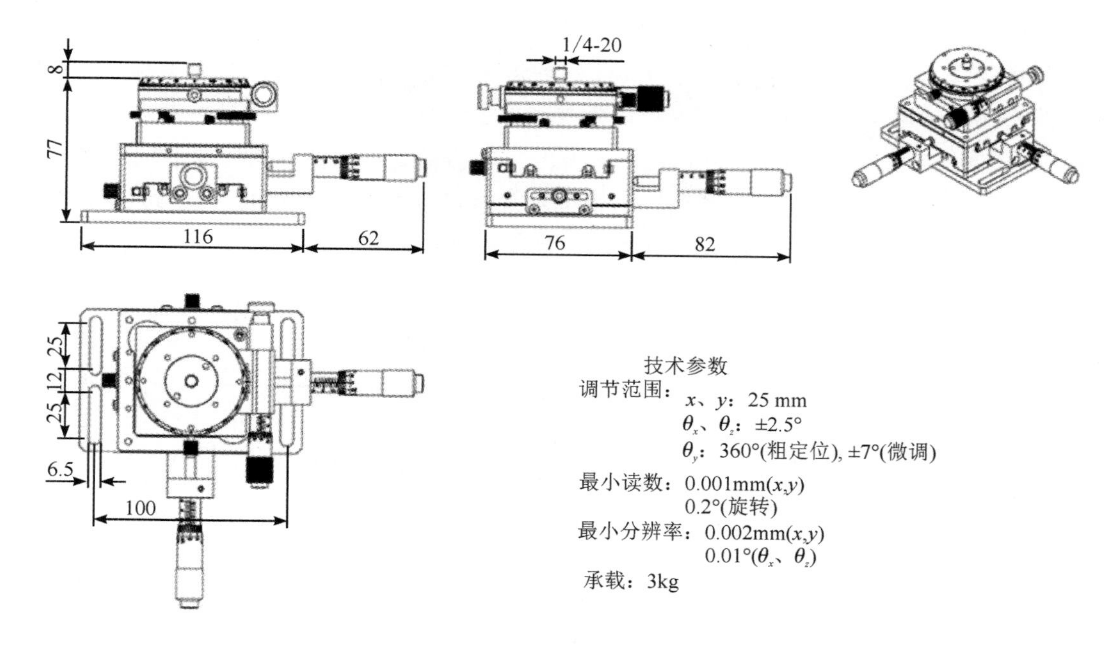

图 4.10　五维转台三视图

2. 光学平台

测试系统采用上海火炬公司生产的 4.5 m×1.7 m 不锈钢光学平台，其基本参数如表 4.2 所示。

表 4.2　光学平台基本参数

参数名称	指　　标
台面平整度	±0.05 mm/m²
面板粗糙度	0.8～1.6 μm
台面螺孔的孔距精度	(25±0.1)mm
固有频率	3～6 Hz
台面振幅	近似 0.8 μm

4.4　融合系统视场大小测试

4.4.1　视场测试原理

利用多传感器图像融合前端光学测试系统进行视场大小的测试时，将十字靶标置于离轴抛物面反射镜的焦点处，用于模拟无限远物体发出的平行光(融合系统的视场大小用视

场角 2ω 来表示，ω 为平行光与光轴的最大夹角）。其测试方法如图 4.11 所示，将融合系统固定在转台上并对准离轴抛物面反射镜，在离轴抛物面反射镜焦点处放置十字靶标，靶标发出的光经离轴抛物面反射镜后成为平行光并被融合系统捕获，然后在显示器上显示。旋转转台，让十字靶标中心的像从显示器上图像的一边移动到另一边，此过程中转台转过的角度即为所测的视场角 2ω。测量完一个方向的视场角后，把融合系统绕光轴旋转 90°，再测量另一个方向的视场角，便可得到融合系统的最终视场大小。

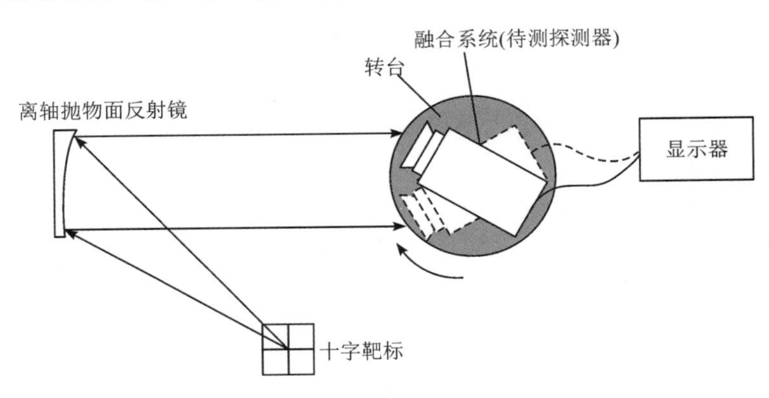

图 4.11 融合系统视场角的测试方法

4.4.2 视场测试误差分析

视场测试误差主要来源于两个方面：转台的角测量精度和融合图像的分辨率。

1. 转台的角测量精度引起的误差 σ_1

对于视场角为 8°×6°的融合系统，转台的角测量精度引起的误差 σ_1 为

$$\begin{cases} \sigma_{11} = \dfrac{0.01}{8} = 0.125\% \\ \sigma_{12} = \dfrac{0.01}{6} = 0.167\% \end{cases} \tag{4.2}$$

2. 融合图像的分辨率引起的误差 σ_2

人眼观测时，由于图像分辨率的限制，左右偏差约为 1 个像素点，假设融合图像的分辨率为 768×576，则融合图像的分辨率引起的误差 σ_2 为

$$\begin{cases} \sigma_{21} = \dfrac{1}{768} = 0.13\% \\ \sigma_{22} = \dfrac{1}{576} = 0.17\% \end{cases} \tag{4.3}$$

综上可知，水平方向上的视场测试误差不超过 0.26%($2\sigma_{21}$)，垂直方向上的视场测试误差不超过 0.34%($2\sigma_{22}$)，符合技术指标要求。

4.4.3　实验结果与分析

在测试传感器视场大小时，首先将待检测的短波红外探测器固定在五维转台上，通过显示器观察短波红外图像，并旋转转台，使得显示器中十字靶标的中心位于图像的最左侧，记录此时五维转台旋转的刻度 66.58°，之后再次旋转转台，使得显示器中十字靶标的中心从图像最左侧移动到图像最右侧，再次记录五维转台旋转的刻度 72.92°，则水平方向的视场夹角 $\Delta\omega_1$ 为两者的差，即 6.34°。此时取下短波红外探测器，将其旋转 90°后再次固定在五维转台上，重复上述操作，分别得到刻度 40.32°和 46.15°，通过计算得到垂直方向的视场夹角 $\Delta\omega_2$ 为 5.83°。最终，测得短波红外探测器的视场大小为 6.34°×5.83°。短波红外探测器的视场大小测试过程如图 4.12 所示(环境照度低于 0.02 lux，环境温度为 23℃)。

(a) 水平方向视场角测试图像

(b) 垂直方向视场角测试图像

图 4.12　短波红外探测器视场大小测试过程

同样地，对于中波红外探测器，也使用相同的测试方法进行测试，可以得到水平方向转台两次旋转刻度分别为 32.65°和 39.97°，从而计算出水平方向的视场夹角 $\Delta\omega_1$ 为 7.32°；垂直方向转台两次旋转刻度分别为 16.88°和 22.74°，从而计算出垂直方向的视场夹角 $\Delta\omega_2$ 为 5.86°。最终，测得中波红外探测器的视场大小为 7.32°×5.86°。中波红外探测器的视场大小测试过程如图 4.13 所示(环境照度低于 0.02 lux，环境温度为 23℃)。

通过对比两个探测器水平方向和垂直方向的视场角偏差，发现水平方向的短波红外探测器视场角与中波红外探测器视场角偏差为 0.27%，垂直方向的短波红外探测器视场角与中波红外探测器视场角偏差为 0.51%，考虑到水平方向的测试误差为 0.26%，垂直方向的

(a) 水平方向视场角测试图像

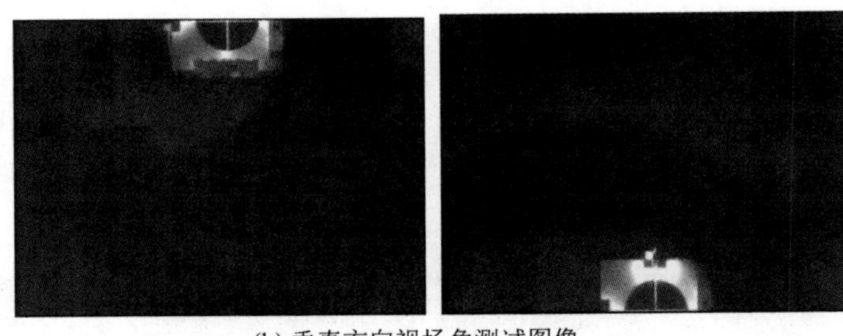

(b) 垂直方向视场角测试图像

图 4.13 中波红外探测器视场大小测试过程

测试误差为 0.34%，则水平方向的最大偏差为 0.53%，垂直方向的最大偏差为 0.85%。当两个探测器摆放在同一位置进行观测时，可以通过计算得到两者的视场重合率大于 98.62%，满足系统设计所要求的视场重合率大于 95%的条件，此时不需要对图像进行缩放操作。

如果视场重合率小于 95%，则可使用双线性差值计算方法将中波红外图像进行差值运算，此时不考虑平移量。

4.5 光轴平行度测试

4.5.1 光轴平行度测试原理

根据光学原理，若使用多传感器融合系统在同一地点和相应的允许照度下观察同一个足够远处的点目标，则该点像需分别落在各自的十字分划线的交点上，此时可以认为两者的光轴平行。在进行融合系统组合时，必须经精确的光轴调校，使得短波红外、中波红外和激光光轴达到平行，方能保证观瞄及测距的方向一致性，从而起到准确指示的作用。

依此原理，利用离轴抛物面反射镜的特性，将十字靶标放在距离反射镜焦点 F 处，并将融合系统浸没在准直光束中，如此观察到十字交点的像，反射镜效果相当于野外观察远处的目标。将十字靶标置于离轴抛物面反射镜焦面上，照明光源置于十字靶标后方，靶标处的可见光辐射和红外热辐射经过离轴抛物面反射镜产生平行光束并进入被测系统，通过在被测系统的显示器上观测十字靶标中心是否落在各个子系统的视场中心来判定各个探测器的光轴是否平行。

在光轴平行度测试与校正的过程中，以中波红外探测器作为基准，使十字靶标所成的像与中波红外探测器十字分划线中心重合。再将待调正的短波红外探测器对准十字靶标进行观察，此时通过靶标所成的像与中波红外探测器的十字分划线中心的偏离量便可得出被测的两个探测器光轴的平行度偏移量。平行度偏移量的计算公式如下：

$$\begin{cases} \alpha_x = \arctan\left(\dfrac{d_x}{f}\right) \\ \alpha_y = \arctan\left(\dfrac{d_y}{f}\right) \end{cases} \tag{4.4}$$

式中，f 为离轴抛物面反射镜焦距，d_x 为横向偏差距离，d_y 为径向偏差距离，α_x 为水平方向光轴平行度偏移量，α_y 为垂直方向光轴平行度偏移量。因此待测系统的总的光轴平行度偏移量 α 为

$$\alpha = \sqrt{\alpha_x^2 + \alpha_y^2} \tag{4.5}$$

调节两个探测器的位置直至 $\alpha = 0$，此时可以认为两者的光轴平行。本章设计的测试系统采用平行光轴的前端设计，如图 4.14 所示。

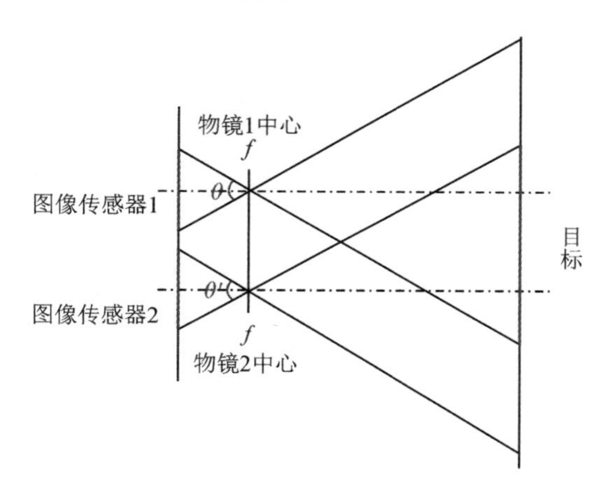

图 4.14　双传感器平行光轴示意图

根据袁铁慧的研究，假设图像探测器经过视场校正后具有相同的视场，但是由于探测器之间存在距离 u，成像后的目标不能完全重合。定义目标的重合度 δ 为

$$\delta = \frac{2L\tan(\theta/2) - u}{2L\tan(\theta/2)} \tag{4.6}$$

其中，L 为目标距离，θ 为传感器视场大小。

当两个传感器光轴不平行时，其示意图如图 4.15 所示。

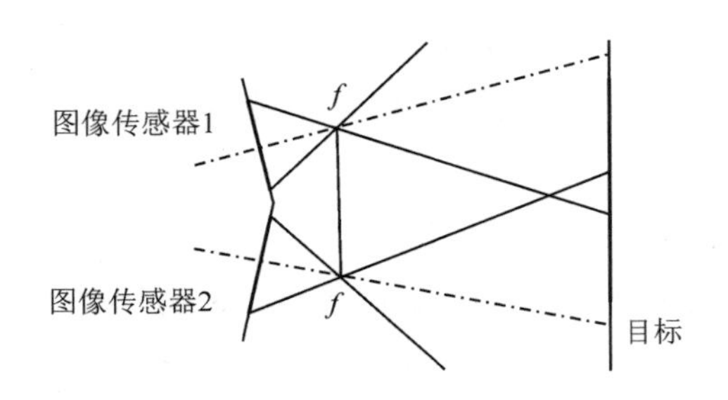

图 4.15 双传感器不平行光轴示意图

假设两者光轴夹角为 β，则修正视场重合度公式如下：

$$\delta=\frac{2L\tan(\theta/2-\beta/2)-u}{2L\tan(\theta/2-\beta/2)} \tag{4.7}$$

根据式(4.7)可以得到光轴不平行条件下两个传感器成像的视场重合度。例如：已知两个传感器的视场大小都为 40°，它们之间的距离 u 为 20 cm，则对于不同目标距离(100 m，500 m 和 1000 m)，在不同的光轴夹角条件下，其视场重合度如图 4.16 所示。

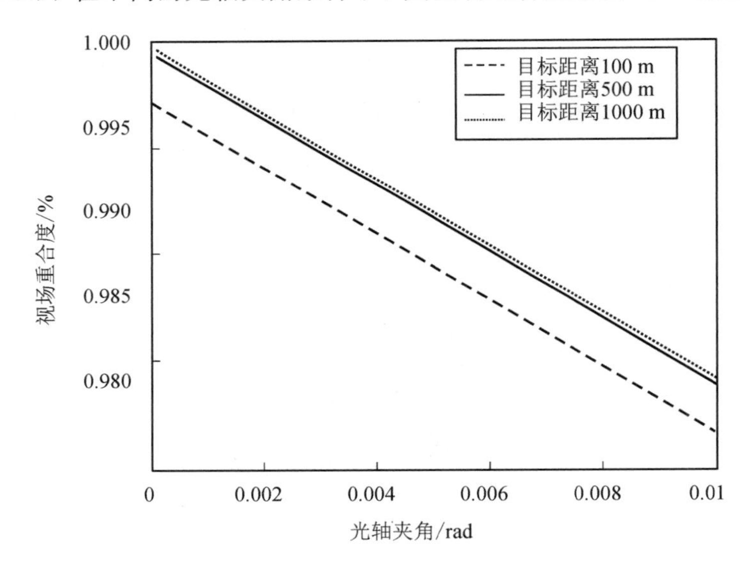

图 4.16 不同目标距离下的视场重合度与光轴夹角的关系

从图 4.16 可以看出，当探测器之间的光轴夹角减小时，它们成像的视场重合度显著增加，甚至无限接近于 1。这说明只要限制光轴夹角的大小，就能获得较大的视场重合度。比较目标距离为 100 m 和 1000 m 条件下的视场重合度，可以发现，目标距离传感器越远，两个传感器成像的视场重合度就越接近于 1，比如当目标距离为 1000 m 时，大小为 1 mrad 的光轴夹角对应的视场重合度达到 99.82%。这说明，当观测距离很大时(远大于两个传感器之间的距离)，光轴夹角对于视场重合度的影响很小，因此要求系统的光轴平行度小于 0.5 mrad。

4.5.2 光轴平行度测试误差分析

光轴平行度测试误差是由各种因素引起的误差累积产生的。产生误差的主要因素包括：靶标位置引入的测试误差、离轴抛物面反射镜加工误差引入的测试误差、十字靶标装夹垂直度引入的测试误差、空气扰动引入的误差。

1. 靶标位置引入的测试误差

光轴平行度检测装置的十字靶标位置是通过五维转台来调节的。在确定焦点位置时，需将五棱镜放置在图4.9中的区域A，而在区域B内安装观测用的JZC型自准测微平行光管，沿y轴方向来回移动五棱镜，同时调节靶标位置，当平行光管目镜中靶标的像与平行光管的十字分划线的相对位置不变时，可以认为十字靶标在离轴抛物面反射镜的焦点处。JZC型自准测微平行光管的测角范围为$0\sim10'$，测量精度不大于$3''$。因此由靶标在焦点位置的不确定性引入的误差为

$$u_{11}=3''=0.0144\ \text{mrad} \tag{4.8}$$

2. 离轴抛物面反射镜加工误差引入的测试误差

离轴抛物面反射镜的光学面形误差峰谷值小于$\lambda/4$。假设离轴抛物面反射镜的光学面形误差满足均匀分布，氦氖激光器的波长为632.8 nm，则离轴抛物面反射镜加工误差引入的测试误差为

$$u_{12}=2\times\arctan\left(\frac{0.6328\times10^{-3}/4}{3000}\right)\times\frac{1}{\sqrt{3}}=6.09\times10^{-5}\ \text{mrad} \tag{4.9}$$

3. 十字靶标装夹垂直度引入的测试误差

十字靶标装夹的垂直度对于校准结果的影响很小，可以归纳到1中。

4. 空气扰动引入的误差

空气扰动引入的误差为

$$u_{13}=3.4''=0.0165\ \text{mrad} \tag{4.10}$$

因此，光轴校正装置自身的理论总误差为

$$u_1=\sqrt{u_{11}^2+u_{12}^2+u_{13}^2}\approx0.0219\ \text{mrad} \tag{4.11}$$

为了检验光轴平行度检测装置是否达到理论分析的精度指标，可以使用经纬仪进行校轴精度测试。利用精度为$2''$的经纬仪瞄准靶标十字分划线，垂直于离轴抛物面反射镜光轴方向移动测微台，从经纬仪上读出十字分划线的偏差角θ_0，并根据下式计算出轴线的偏差量

$$\theta=\arctan\frac{D}{F} \tag{4.12}$$

其中，D 为五维转台的位移量(mm)，F 为离轴抛物面反射镜焦距(mm)，本测试系统中 $F=3000$ mm。经过多次实验测试，将 θ 分别与 θ_0 进行比较，并定义系统测角误差 $\delta=|\theta-\theta_0|$。表 4.3 给出了本章设计的光轴校正装置的测试结果。

表 4.3 测试结果

序号	D/mm	经纬仪读数	θ_0	θ	δ/mrad
1	0	187°52′27″	—	—	—
2	1.5	187°50′45″	102″	104.5″	−0.007
3	3	187°49′00″	105″	104.5″	0.007
4	5.5	187°47′15″	105″	104.5″	0.007
5	6	187°45′27″	108″	104.5″	0.021
6	7.5	187°43′48″	99″	104.5″	−0.021
7	9	187°42′05″	103″	104.5″	−0.002
8	10.5	187°40′24″	101″	104.5″	−0.012
9	12	187°38′37″	107″	104.5″	0.016
10	14.5	187°36′56″	101″	104.5″	−0.012
11	15	187°35′10″	106″	104.5″	0.012

由表 4.3 所示的测试结果得出：实验中光轴平行度检测装置的最大测角误差为 $\delta=0.021$ mrad，与理论计算值非常接近，均小于 0.05 mrad 的技术要求，证明该光轴检测装置的测量精度达到要求。

4.5.3 实验结果与分析

在进行测试系统的光轴平行度校正时，以中波红外探测器为基准，此时必须对中波红外探测器进行自校正，自校正过程如图 4.17 所示(环境照度低于 0.02 lux，环境温度为 23℃)。图 4.17(a)给出了自校正前的中波红外探测器图像，可以发现十字分划线与十字靶标偏离，且相互之间存在旋转。图 4.17(b)给出了自校正后的中波红外探测器图像，可以发现此时十字分划线与十字靶标完全重合。图 4.17(c)为靶标的放大图像。

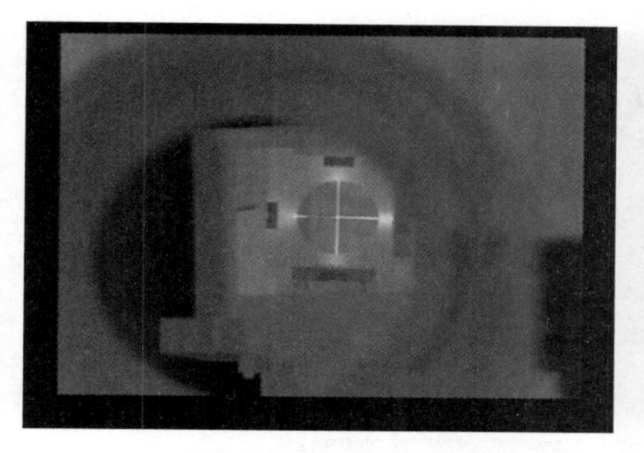

(a) 自校正前的中波红外探测器图像

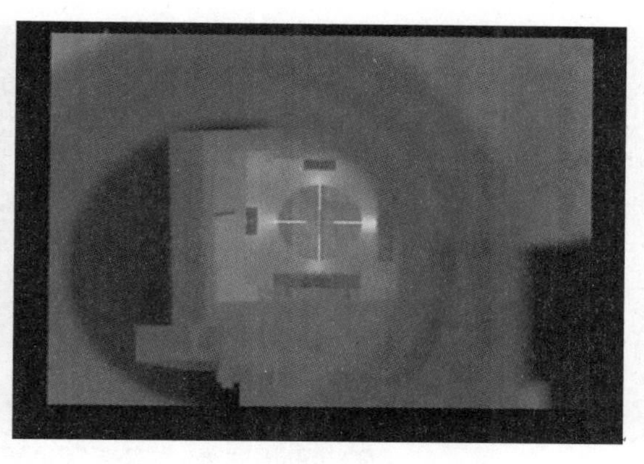

(b) 自校正后的中波红外探测器图像

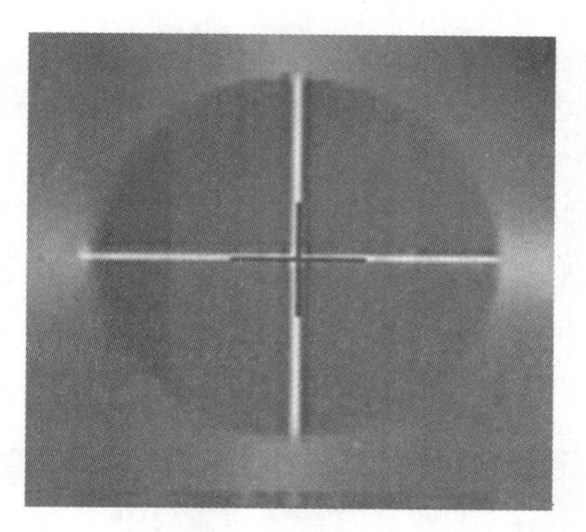

(c) 靶标的放大图像(环境照度低于0.02 lux, 环境温度为23℃)

图 4.17　中波红外探测器自校正过程

在对中波红外探测器进行自校正后，需要对短波红外探测器进行光轴平行度校正。由于短波红外探测器同时具备红外特性、可见光特性和微光特性，因此分别在三种情况下进行校正，校正过程如图 4.18 所示。其中：图 4.18(a)是光轴校正前短波红外探测器的红外特性图(环境照度低于 0.02 lux，环境温度为 20℃)；图 4.18(b)是光轴校正前短波红外探测器的可见光特性图(环境照度为 180 lux，环境温度为 20℃)；图 4.18(c)是光轴校正前短波红外探测器的微光特性图(环境照度低于 0.02 lux，环境温度为 20℃)；图 4.18(d)是光轴校正后短波红外探测器的红外特性图(环境照度低于 0.02 lux，环境温度为 20℃)；图 4.18(e)是光轴校正后短波红外探测器的可见光特性图(环境照度为 180 lux，环境温度为 20℃)；图 4.18(f)是光轴校正后短波红外探测器的微光特性图(环境照度低于 0.02 lux，环境温度为 20℃)。

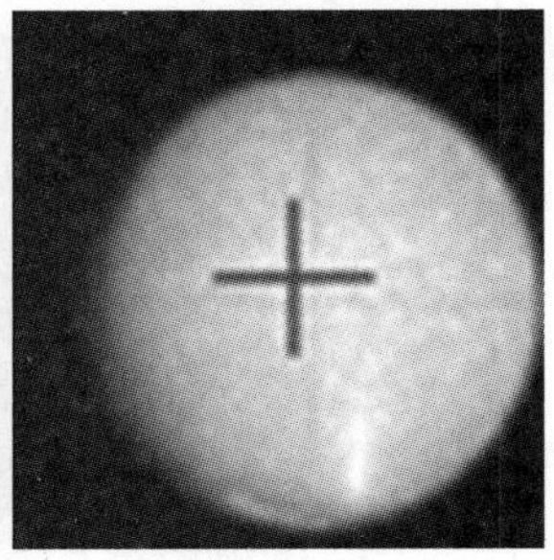

原图　　　　靶标放大图

(a) 光轴校正前短波红外探测器的红外特性图(环境照度低于0.02 lux，环境温度为20℃)

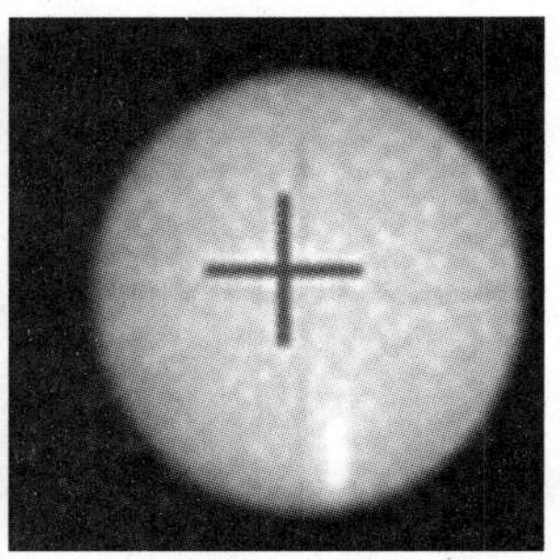

原图　　　　靶标放大图

(b) 光轴校正前短波红外探测器的可见光特性图(环境照度为180 lux，环境温度为20℃)

原图　　　　靶标放大图

(c) 光轴校正前短波红外探测器的微光特性图(环境照度低于0.02 lux，环境温度为20℃)

原图　　　　靶标放大图

(d) 光轴校正后短波红外探测器的红外特性图(环境照度低于0.02 lux，环境温度为20℃，靶丝温度)

原图　　　　靶标放大图

(e) 光轴校正后短波红外探测器的可见光特性图
(环境照度为180 lux，环境温度为20℃)

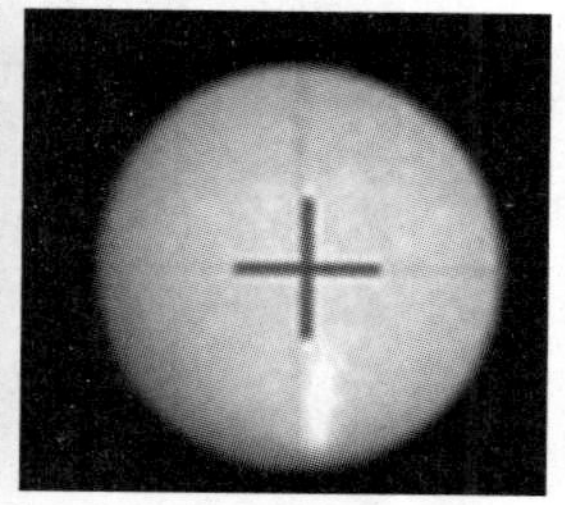

原图　　　　靶标放大图

(f) 光轴校正后短波红外探测器的微光特性图
(环境照度低于0.02 lux，环境温度为20℃)

图 4.18　短波红外探测器光轴平行度校正前后对比图

通过图 4.18 和式(4.4)可以计算光轴校正前后两个探测器在水平和垂直方向的平行度偏移量，如图 4.19 所示，仿真平台为 Matlab2012a。图 4.19(a)是光轴校正前的平行度偏移量计算值，其中 $\alpha_x=0.79849$ mrad，$\alpha_y=0.8523$ mrad，总偏移量 $\alpha=1.168$ mrad，远高于 0.5 mrad 的技术指标。图 4.19(b)是光轴校正后的平行度偏移量计算值，其中 $\alpha_x=0.39924$ mrad，$\alpha_y=0$ mrad，总偏移量 $\alpha=0.399$ mrad，符合指标要求。

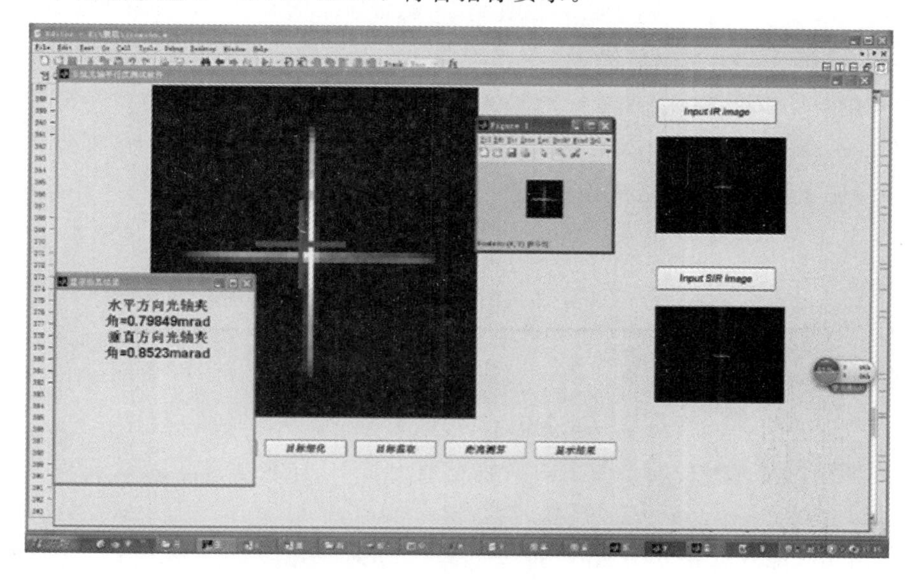

(a) 校正前的平行度偏移量计算

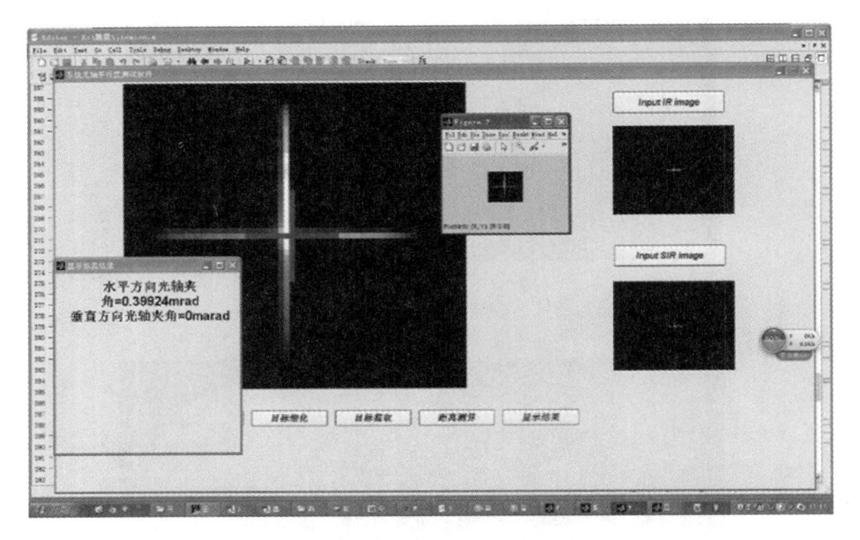

(b) 校正后的平行度偏移量计算

图 4.19 光轴校正前后系统的平行度偏移量计算

4.6 图像分辨率测试

4.6.1 图像分辨率测试原理

图像分辨率用于衡量成像系统分辨目标细节的能力。从另一个方面来讲，融合图像分辨率能够很好地体现多传感器图像配准的精度。融合系统的分辨率测试系统由光源、黑体、积分球、透光度调节机构、分辨率靶板、离轴抛物面反射镜、被测成像系统组成。为了满足短波红外和中波红外的测试要求，保证照度和温度可控，选用积分球加透光度调节机构作为可见光及短波红外光源，选用黑体作为中波红外光源。分辨率靶板靶标(即分辨率测试靶标)采用四线靶设计，用于融合成像系统的分辨率测试。

分辨率靶板靶标图案有以下要求：

(1) 分辨率靶板共有 4 块，记作 1、2、3、4 组，每块分辨率靶板的图案由 8 组光栅构成，记作 1、2、3、4、5、6、7、8 单元。

(2) 每个单元内的图案包括 3 条暗线条和 4 条镂空的亮线条，线条间隔和线宽的比例是 1∶1，线条长宽比是 7∶1。

(3) 相邻组同单元号的两个图案的线条宽度比是 4，同组相邻单元线条宽度比为$\sqrt[4]{2}\approx$ 1.1892。

(4) 1 组 1 单元线宽定义为 20 mm(空间频率为 0.025 lp/mm)，其他单元线宽按(3)递推，如表 4.4 所示。

表 4.4　分辨率靶板图案数据表

组号	单元号	线条宽度	空间频率	组号	单元号	线条宽度	空间频率
1	1	20.00	0.025	2	1	6.00	0.100
	2	16.82	0.030		2	5.20	0.119
	3	15.14	0.035		3	4.54	0.141
	4	11.89	0.042		4	2.97	0.168
	5	10.00	0.050		5	2.50	0.200
	6	8.41	0.059		6	2.10	0.238
	7	7.07	0.071		7	1.77	0.283
	8	6.95	0.084		8	1.49	0.336
3	1	1.25	0.400	4	1	0.31	1.600
	2	1.05	0.476		2	0.26	1.902
	3	0.88	0.566		3	0.22	2.262
	4	0.74	0.673		4	0.19	2.691
	5	0.63	0.800		5	0.16	4.200
	6	0.53	0.951		6	0.13	4.805
	7	0.44	1.131		7	0.11	5.525
	8	0.37	1.345		8	0.09	6.382

接通积分球中标准光源的电源，温度稳定一段时间，以消除温度变化对测试结果的影响；调整透光度调节机构，调正红外辐射源，使其输出光照度达到测试所需照度标准；选择合适的分辨率靶板；将被测的短波红外、中波红外与激光测距融合的信息感知系统固定在光学平台上，开启电源使其处于工作状态；用光源照射处于平行光管焦平面上的分辨率靶板，光线经由平行光管产生平行光并进入被测系统，被测系统开启并将其视频输出连接到监视器上，在监视器上可观察分辨率靶板是否清楚。记下刚好可以看清的分辨率靶板的编号，查表得到其分辨率 N'，然后利用公式

$$R=\frac{f_{\circ}}{f_{c}}N' \tag{4.13}$$

(式中：R 为被测融合系统的分辨率，单位为 lp/mm；N'为对应分辨率靶板上的最高空间频率，单位为 lp/mm；f_c 为离轴抛物面反射镜焦距，单位为 mm；$f_{\circ}$ 为系统成像物镜焦距，单位为 mm)计算出被测系统的分辨率 R。

被测系统的分辨率角值 α 可用下式计算：

$$\alpha = \frac{2b}{f_c} \tag{4.14}$$

式中：α 为分辨率角值，单位为 mrad；b 为可分辨单元的线宽，单位为 mm。

4.6.2 图像分辨率测试误差分析

分辨率测试系统的误差主要来源于以下几个方面：分辨率靶板加工误差、系统成像物镜焦距误差、离轴抛物面反射镜焦距误差、光源和探测器引入的不确定度、样品放置不确定度、分辨率靶板放置不确定度等。假设测试系统成像物镜的最大焦距为 300 mm，分辨率靶板的最大精度为 20 lp/mm。

1. 分辨率靶板加工误差 σ_1

根据式(4.13)可知，当分辨率靶板的理论空间频率 N 为 20 lp/mm，离轴抛物面反射镜焦距理论值为 3000 mm，加工误差为 0.2 μm 时，分辨率偏差 ΔN 为 0.16 lp/mm，从而由分辨率板加工误差引入的分辨率测试误差为

$$\begin{aligned}\sigma_1 &= |R - R'| = \left|\frac{f_o}{f_c} \cdot N - \frac{f_o}{f_c} \cdot N'\right| \\ &= \frac{f_o}{f_c} \cdot \Delta N = \frac{300\ \text{mm}}{3000\ \text{mm}} \cdot 0.16\ \text{lp/mm} \\ &= 0.016\ \text{lp/mm}\end{aligned} \tag{4.15}$$

式中，R 为理论分辨率，R'为实际分辨率，N 为分辨率靶板的理论空间频率，N'为分辨率靶板的实际空间频率，f_o 为测试系统成像物镜焦距，f_c 为离轴抛物面反射镜的焦距。

2. 离轴抛物面反射镜焦距误差 σ_2

离轴抛物面反射镜在加工装校时，焦距的标定误差不大于 0.1%，离轴抛物面反射镜焦距理论值为 3000 mm，实测焦距值误差优于±3 mm，从而由离轴抛物面反射镜焦距误差引入的分辨率测试误差为

$$\begin{aligned}\sigma_2 &= |R - R'| = \left|\frac{f_o}{f_c} \cdot N - \frac{f_o}{f'_c} \cdot N\right| \\ &= \frac{f_o \cdot \Delta f_c}{f_c \cdot f'_c} \cdot N = \frac{300\ \text{mm} \cdot 3\ \text{mm}}{3000\ \text{mm} \cdot 2997\ \text{mm}} \cdot 20\ \text{lp/mm} \\ &= 0.002\ \text{lp/mm}\end{aligned} \tag{4.16}$$

式中，R 为理论分辨率，R'为实际分辨率，N 为分辨率靶板的理论空间频率，f_o 为测试系统成像物镜焦距，f_c 为离轴抛物面反射镜的理论焦距，f'_c 为离轴抛物面反射镜的实际焦距。

3. 系统成像物镜焦距误差 σ_3

加工系统成像物镜时，焦距测试的不确定度为 0.2%，对于焦距为 300 mm 的物镜，实

测焦距值误差为±0.6 mm，因此由系统成像物镜焦距误差引入的分辨率测试误差为

$$\begin{aligned}\sigma_3 &= |R-R'| = \left|\frac{f_o}{f_c}\cdot N-\frac{f'_o}{f_c}\cdot N\right| \\ &= \frac{\Delta f_o}{f_c}\cdot N=\frac{0.6\ \text{mm}}{3000\ \text{mm}}\cdot 20\ \text{lp/mm} \\ &= 0.004\ \text{lp/mm}\end{aligned} \tag{4.17}$$

式中，R 为理论分辨率，R' 为实际分辨率，N 为分辨率靶板的空间频率，f_o 为测试系统成像物镜的理论焦距，f'_o 为测试系统成像物镜的实际焦距，f_c 为离轴抛物面反射镜的理论焦距。

4. 待测系统放置不确定度 σ_4

若待测系统放置不理想，如发生倾斜、旋转、离焦等，则会引入测试误差。离焦量引入的测试误差很小，可以忽略不计。倾斜、旋转引入的误差为

$$\begin{aligned}\sigma_4 &= \left|\frac{N}{\cos\Delta\theta}-N\right| = 20\cdot\left(\frac{1}{0.9994}-1\right) \\ &= 0.012\ \text{lp/mm}\end{aligned} \tag{4.18}$$

式中，N 为分辨率靶板的空间频率，$\Delta\theta$ 为倾角，令 $\Delta\theta=2°$。

5. 分辨率靶板放置引入的不确定度 σ_5

若分辨率靶板放置不理想，如发生旋转、离焦及倾斜等，则会引入测试误差 σ_5。其主要来源于旋转、倾斜引入的误差，令 $\Delta\theta=3°$，则 σ_5 为

$$\sigma_5 = \left|\frac{N}{\cos\Delta\theta}-N\right| = 20\cdot\left(\frac{1}{0.9986}-1\right)=0.027\ \text{lp/mm} \tag{4.19}$$

由于各不确定度是相互独立的，因此分辨率测试的总误差为

$$\sigma=\sqrt{\sigma_1^2+\sigma_2^2+\sigma_3^2+\sigma_4^2+\sigma_5^2}\approx 0.0339\ \text{lp/mm} \tag{4.20}$$

由于选用分辨率靶板的空间频率为 20 lp/mm，因此可得测量误差的精度为 0.1695%。

4.6.3　实验结果与分析

实际测试时，测试系统的焦距为 75 mm，离轴抛物面反射镜的焦距为 3000 mm。利用分辨率测试装置，分别对短波红外图像、中波红外图像以及融合图像的分辨率进行测试。测试结果如图 4.20 所示，红色区域表示各自图像的最小分辨率。其中短波红外图像的最小分辨率为 3 组 4 单元，中波红外图像的最小分辨率为 3 组 2 单元，融合图像的最小分辨为 3 组 3 单元。通过查询分辨率靶板上各对线的数值，并根据式(4.13)，可以计算出短波红外图像的分辨率为 26.88 lp/mm，中波红外图像的分辨率为 19.04 lp/mm，融合图像的分辨率为 22.56 lp/mm，介于短波红外图像与中波红外图像的分辨率之间。这一结果说明，经过前端光学结构的粗配准，设计的多传感器图像融合的信息感知系统已经具有较好的配准精度。

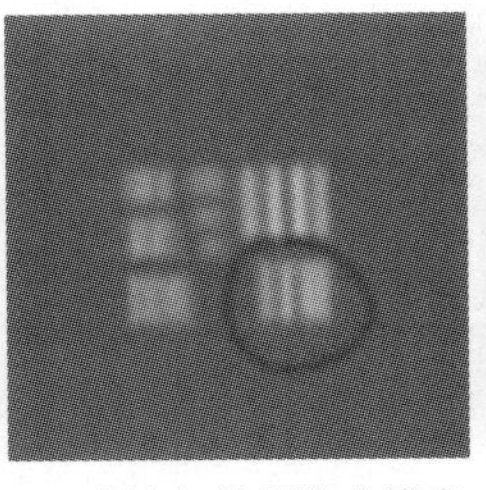

(a) 短波红外图像分辨率　(b) 中波红外图像分辨率　(c) 融合图像分辨率

图 4.20　分辨率测试结果

4.7 图像中心配准精度测试

通过分辨率测试可以发现短波红外、中波红外与激光测距融合的信息感知系统已经具有较好的配准精度。为了得到定量的结果，下面对系统的配准结果进行图像中心配准精度测试。图 4.21 为经过光学配准后的短波红外和中波红外图像。如图 4.22 所示，用配准精度测试软件对两幅图像进行测试，软件仿真平台为 Matlab2012a。该配准精度测试软件包含目标分割、目标细化、目标截取、距离测算和结果显示等功能。

(a) 短波红外图像　(b) 中波红外图像

图 4.21　光学配准后的短波红外和中波红外图像

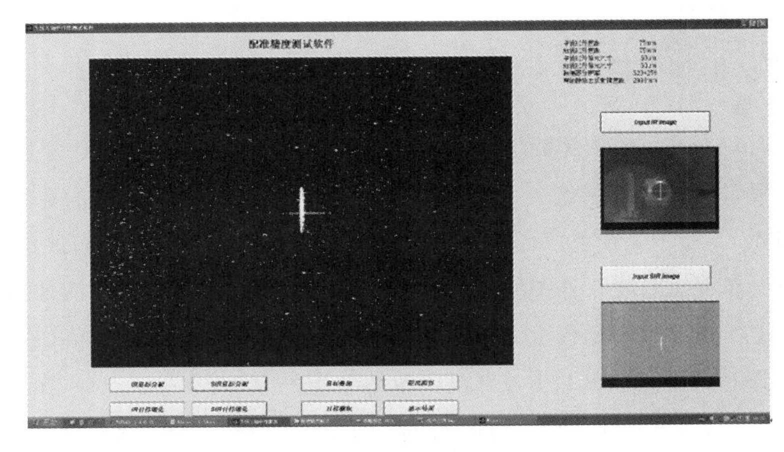

图 4.22　配准精度测试软件界面

由于测试系统技术指标要求配准精度小于 0.5 个像素，而短波红外、中波红外探测器的分辨率为 320×256，因此需要超分辨率显示图像。先将采集到的图像利用插值放大技术，将分辨率提升至 1280×1024，再对短波红外和中波红外图像中心的十字靶标进行分割，靶标分割图像如图 4.23 所示。

(a) 短波红外十字靶标分割图像

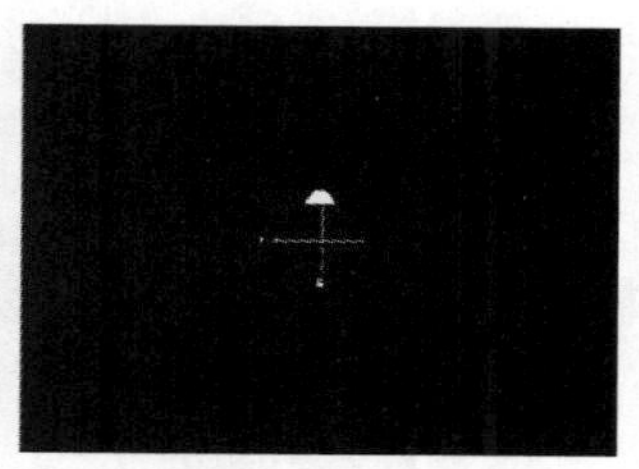

(b) 中波红外十字靶标分割图像

图 4.23 光学配准后的短波红外和中波红外十字靶标分割图像

此时分割出的靶标图像较粗，利用图像细化算法对目标进行细化处理，得到如图 4.24 所示的短波红外和中波红外十字靶标细化图像。

(a) 短波红外十字靶标细化图像

(b) 中波红外十字靶标细化图像

图 4.24 光学配准后的短波红外和中波红外图像

为了方便测量短波红外和中波红外图像中靶标十字分划线圆心之间的距离，将短波红外目标细化图像置于 B 通道，中波红外目标细化图像置于 G 通道，进行目标叠加，并通过截取放大技术得到重叠后的短波、中波红外目标截取放大图像，如图 4.25 所示。

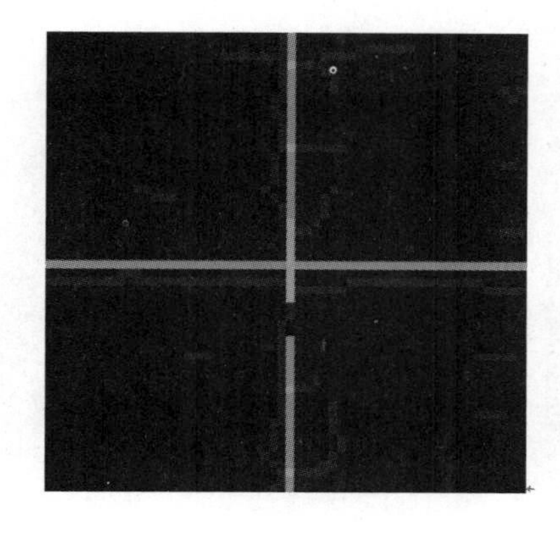

图 4.25 目标截取放大图像

图 4.25 中绿色的十字线为中波红外图像中的靶标十字分划线，蓝色的十字线为短波红外图像中的靶标十字分划线。最后通过测量两个十字分划线中心的距离，来计算配准精度。如图 4.26 所示，水平方向相差 1 个像素，垂直方向相差 2 个像素，由于此时的图像分辨率为 1280×1024，因此可计算得到在图像中心处，水平方向的配准精度为 0.25 个像素，垂直方向的配准精度为 0.5 个像素，满足系统要求。

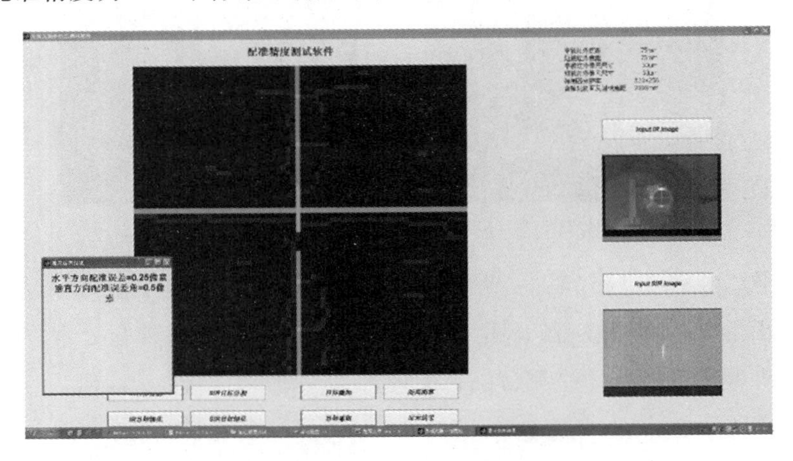

图 4.26　配准精度计算结果

为测试光学配准后，短波红外图像和中波红外图像的配准和融合质量，对其进行实验测试。系统 PC 平台为惠普 Z820 图形工作站，主频为 Intel Xeon E5-2650 2.8 GHz，内存为 64 GB，编程语言为 VC＋＋。测试结果如图 4.27 所示。

(a) 中波红外原始图像

(b) 短波红外原始图像

(c) 彩色参考图像

(d) 光学配准后的彩色融合图像

(e) 算法配准后的彩色融合图像

图 4.27　短波红外与中波红外图像融合结果

图 4.27 中的场景包含紫金山、灵谷寺以及近处的建筑，其中灵谷寺距离探测系统约为 5.0 km。实验时，环境温度为 15℃，天气阴，PM2.5 指标为 153，属于中度污染天气，肉眼看不清灵谷寺。由图 4.27(a)可知，中波红外图像对热目标非常敏感，可以清晰地显现灵谷寺和近处的建筑，但对树木等细节信息的分辨力很差。由图 4.27(b)可知，短波红外图像具有较好的透雾效果，能够清晰地显现人眼无法看到的灵谷寺，且树木、山峦等细节信息较为清晰，但由于近处树木的影响，很难发现掩藏在树木之间的建筑物。图 4.27(c)为色彩传递时所使用的彩色参考图像。图 4.27(d)为经过光学配准后的彩色融合图像，可以发现虽然融合系统经过光学配准后在图像中心处的配准精度已经小于 0.5 个像素点，但是由于传感器在视场和光轴平行度上依旧存在少许偏差，最终得到的融合图像边缘不是特别清晰，需要进一步精确配准。图 4.27(e)为光轴配准后利用上一章提出的多波段红外图像联合配准和融合算法得到的彩色融合图像，相比图 4.27(d)，可以发现图 4.27(e)的整体清晰度更好，目标显著，边缘突出，更加适合人眼发现目标和细节信息。

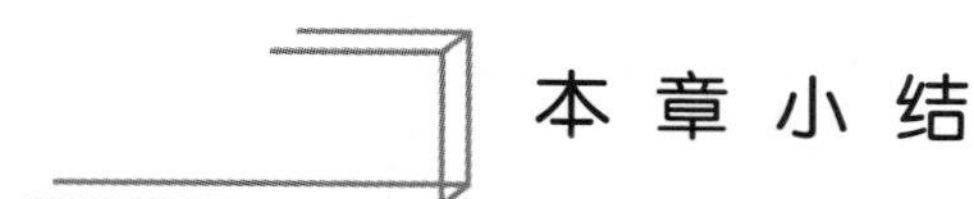

本章小结

本章介绍了多传感器图像融合前端光学测试系统的设计过程。通过测试不同传感器的视场大小、光轴平行度夹角以及融合图像分辨率，分别实现多传感器图像之间缩放、平移与旋转关系以及粗配准所能达到的配准精度的测量，很好地解决了多传感器融合系统的光学配准问题。该测试系统可以校正多传感器之间的视场误差，保证短波红外和中波红外探测器的视场重合率大于 98.62%；保证各个探测器之间的光轴夹角小于 0.5 mrad，可以实现融合图像的粗配准；通过实验，测得光学校正后的融合图像中心配准精度不大于 0.5 个像素，可以有效地减少多波段红外图像联合配准和融合算法的计算量及计算时间，为配准算法的硬件实现提供了重要的技术保证。

本章参考文献

[1]　李英杰，张俊举，常本康，等. 远距离多波段红外图像融合系统及配准方法[J]. 红外与激光工程，2016，45(5)：0526002-1-0526002-7.

[2]　袁轶慧. 红外与可见光图像融合及评价技术研究[D]. 南京：南京理工大学，2012.

[3]　杨文志，景洪伟，吴时彬，等. 可见光与红外光轴平行度检测仪[J]. 红外与激光工程，2010，39(5)：900－905.

[4]　BENTOUTOU Y，TALEB N，KPALMA K，et al. An Automatic Image Registra-

tion for Applications in Remote Sensing[J]. IEEE Transactions on Geoscience and Remote Sensing, 2005, 43(9): 2127-2137.

[5] 刘童童. 反射式微光瞄准镜分辨率测试系统研究[D]. 长春: 长春理工大学, 2012.

[6] 张天乙. 微光瞄准镜分辨率检测系统研究[D]. 长春: 长春理工大学, 2014.

第 5 章　图像融合的 FPGA 功能设计与实现

5.1　概　　述

本章主要介绍实时图像融合算法的预处理及图像融合的实现过程。Altera 公司开发的 DSP Builder 是一种将 Matlab/Simulink 下模型转换到 VHDL 代码的工具，可以直接将 Matlab 中的算法设计转为 RTL(寄存器传输级)设计，极大程度地缩短了 FPGA 代码的开发周期，降低了算法的开发难度。融合处理中一些功能模块的实现较为复杂，直接进行 FPGA 的代码开发难度较大，采用 DSP Builder 进行辅助设计能够很好地完成这些复杂算法的开发。

5.2　图像预处理算法的实现

多传感器图像融合需要分别对图像进行有效且快速的校正、去噪、增强等操作。本节利用 DSP Builder 实现了图像的中值滤波、形态学 top-hat、灰度增强、二维卷积和 Gauss 滤波等功能，特别是 Gauss 滤波模板的构建，是其后的 Laplace 图像融合的重要基础。同时，将利用 DSP Builder 构建的各个功能模块封装为独立的 IP 模块，以便能够在后续的算法开发中直接调用。

5.2.1　DSP Builder 开发流程

DSP Builder 对于算法的开发有着很大的帮助，利用 DSP Builder 在 Simulink 中构建的图像预处理及相关算法模块对整个融合算法的开发意义重大。Simulink 是 Matlab 中最重要的组件之一，它提供一个动态系统建模、仿真和综合分析的集成环境。在该环境中，无须大量人工书写程序，只需要通过一些简单直观的操作，就可构造出复杂的系统。在 Matlab 中打开 Simulink，其内部包含 Alter DSP Builder Blockset 和 Alter DSP Builder Advanced Blockset，这两个库为 DSP Builder 可使用的 IP 核。在系统模型搭建完成后，Signal Compiler 能够对模型进行综合和编译，产生 HDL 代码。

在 FPGA 上进行不同信号处理算法设计时，算法复杂度差异很大，设计的性能(包括面积、速度、可靠性、设计周期)对于不同的应用目标有不同的要求，涉及的软件工具也不仅仅是 Simulink 和 Quartus Ⅱ。DSP Builder 针对不同情况提供了两套设计流程，即自动流程和手动流程。

DSP Builder 的设计流程如图 5.1 所示，其设计流程的第一步是在 Matlab 的 Simulink 环境中进行设计输入。在 Matlab 的 Simulink 环境中建立一个 mdl 模型文件，用图形方式调用 DSP Builder 和其他 Simulink 库中的图形模块，构成系统级或算法级设计框图，也称为设计的 Simulink 模型。第二步是利用 Simulink 的图形化仿真、分析功能，分析此设计模型的正确性，完成模型仿真。第三步是 DSP Builder 设计实现的最关键一步，通过 SignalCompiler 把 Simulink 的模型文件(后缀为. mdl)转化成通用的硬件描述语言 VHDL 文件。由于 EDA 工具软件(如 Quartus Ⅱ、ModelSim)不能直接处理 Matlab 的. mdl 文件，需要对. mdl 文件进行转换，转换后的 HDL 文件是基于 RTL 级(寄存器传输级，即可综合语句格式)的 VHDL 描述。最后，需要对上述顶层设计产生的 VHDL 与 RTL 代码和仿真文件进行综合、编译适配以及仿真。

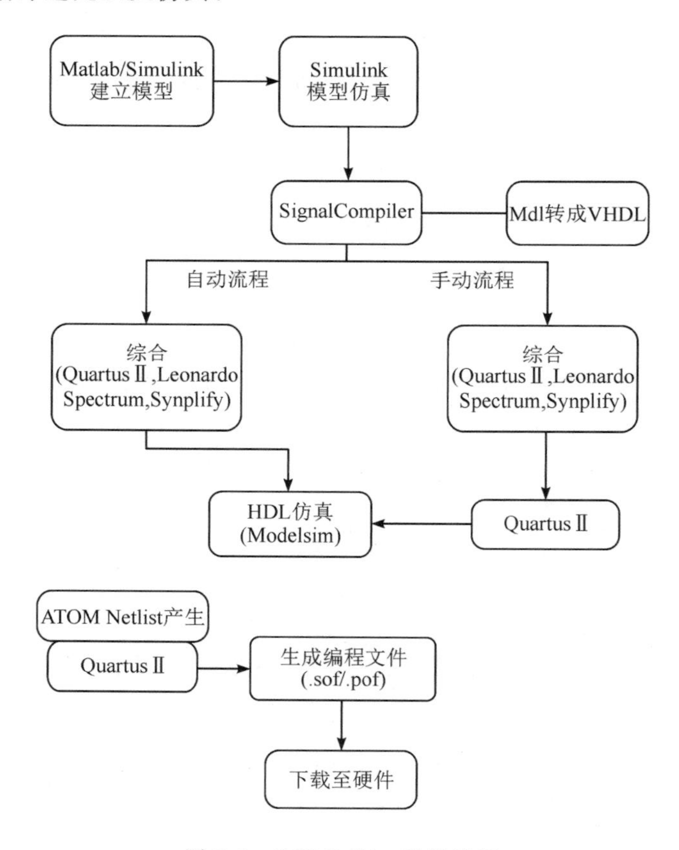

图 5.1 DSP Builder 设计流程

如果采用自动流程，硬件的具体实现过程基本可以忽略，仅需选择让 DSP Builder 自动调用 Quartus Ⅱ等 EDA 软件，完成综合、网表生成和 Quartus Ⅱ适配等，直至在 Matlab 中完成 FPGA 的配置下载过程。但若想要完成特定的适配器设置（如逻辑锁定、ESB 特定应用功能、时序驱动编译等），或者希望使用其他第三方的 VHDL 综合器和仿真器，则可以选用手动流程进行设计。

5.2.2　改进中值滤波算法的实现

为了快速有效地实现中值滤波，按照算法的运行流程，在 Simulink 中搭建 3×3 中值滤波的算法结构。整个算法的顶层结构如图 5.2 所示。

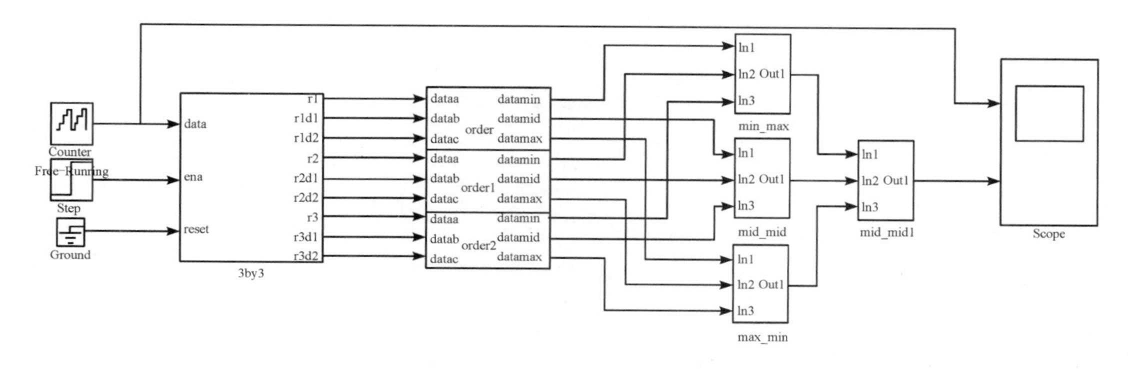

图 5.2　中值滤波算法顶层结构框图

由于 3×3 模板需要选取邻近 9 个像素点的灰度值，因此首先对输入的视频图像进行 3 行的数据缓存，确保能够在同一个时钟上升沿采样到 9 个像素点的灰度值。若视频图像为符合 BT656 的 PAL 制 CCD 图像，则每一行的数据单元按 YCbYCr 结构输出，共有 1440 个有效像素单元，720 个有效灰度值。利用 2 个深度为 720 的 Delay Block 进行列向缓存，6 个深度为 1 的 Delay Block 进行行向缓存，Delay Block 均在数据的有效区间内有效(ena 为高电平)，具体模板结构如图 5.3 所示。

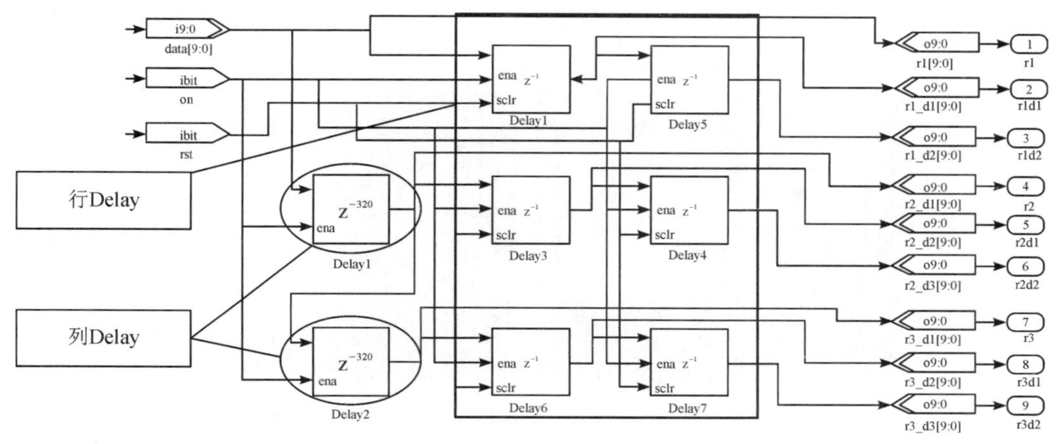

图 5.3　3×3 模板结构图

当获取 9 个邻近像素点灰度值后，需要对这 9 个数据按行进行分组排序，即 order 模块的搭建。排序模块的顶层结构如图 5.4 所示。

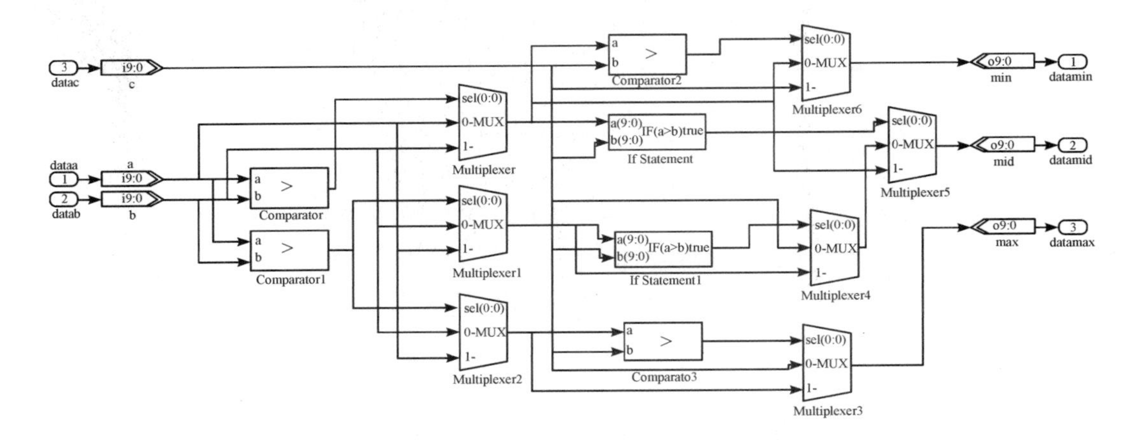

图 5.4 排序模板顶层结构图

对 9 个像素点的灰度值进行大小排序，实际可以分解成 3 组，即 3 个值取大，3 个值取小和 3 个值取中值。以 3 个值取大为例，假设输入的 3 个变量分别为 a、b、c，那么可以先比较 a、b 之间的大小，然后选取 a、b 中的较大值与 c 进行比较，两者的较大值即为 a、b、c 三者间的最大值。利用 2 个比较模块和 2 个选择模块便可实现上述过程。

若仅采用中值滤波方法，则对椒盐噪声能够有很好的处理，但同时必定会带来图像细节的模糊。仔细分析图像可以发现，一幅图像实际可以归纳为细节部分、边缘部分和噪声部分。滤波操作实际仅需对噪声部分进行处理，对于 3×3 模板，可以设定一个门限阈值 M，若中心像素点与邻近像素点的绝对值大于 M 的个数不小于 6，则可以认为该点为噪声区域，需要进行滤波操作。采用这种基于个数判断的中值滤波方法，虽然会将少量边缘误判为噪声点，但对大部分噪声都能进行准确判断，且不会模糊图像细节。这种改进的中值滤波方法的处理效果明显优于普通中值滤波，并且硬件实现简单，适合进行后续图像处理。改进中值滤波效果见图 5.5。

(a) CCD原图　(b) 滤波降噪后

图 5.5 改进中值滤波效果图

5.2.3 形态学 top-hat 算法的实现

形态学 top-hat 算法能够较好地提取目标边界，利用 top-hat 算法提取的边界图像对于红外与可见光的图像配准有着较大的帮助。基于 FPGA 的形态学 top-hat 算法可以看作是对实时图像进行开操作，然后再用原图灰度值减去开操作灰度值。

开操作的进行必须以结构元素为基础，若以 3×3 的方形结构元素对原图进行处理，需要先进行 3 行数据的缓存提取。与 5.2.1 节中相同，可以利用其 3×3 模板结构进行缓存。开操作可以分解为两步，即先腐蚀后膨胀，腐蚀操作可以采用取最小值的方法，膨胀操作可以采用取最大值的方法，开操作的具体顶层结构如图 5.6 所示。

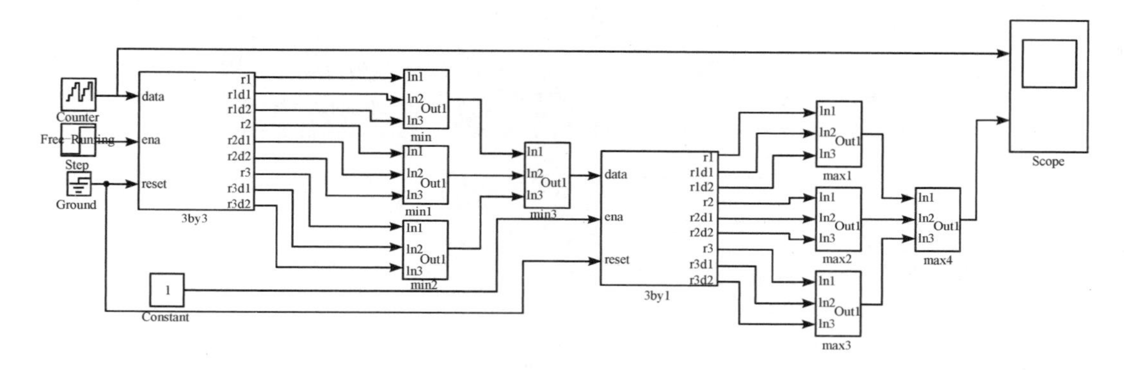

图 5.6　开操作顶层结构示意图

形态学 top-hat 算法的流程如图 5.7 所示。

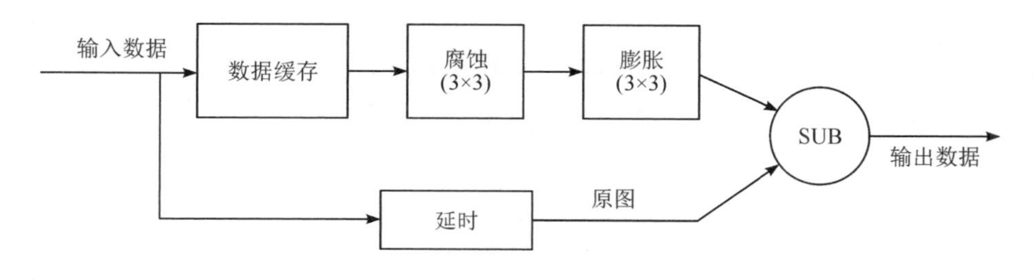

图 5.7　top-hat 算法流程图

考虑到硬件资源与算法的运行效率，腐蚀操作与膨胀操作均采用简单的取大取小的方法，具体结构与 5.2.2 节中介绍的相似，对 9 个数据进行 4 次取小运算，便能实现腐蚀操作，膨胀操作原理类似。整个图像的开操作并不需要占用太多逻辑资源，同时算法也是流水结构，实时性强。利用该种方法实现的 top-hat 算法对图像边缘信息的提取是有效的，满足一般的图像配准要求。对于其他要求较高的 top-hat 变换，可以采用不同的结构元素或进行多次腐蚀、膨胀操作以达到具体图像要求。

利用该算法在 FPGA 上对 CCD 图像进行测试，其测试效果图见图 5.8。

图 5.8 top-hat 算法 CCD 效果图

5.2.4 自动增强算法的实现

图像增强有着多种不同的算法，3.3.1 节中介绍的分段线性变换可以实现最简单的对比度拉伸。分段线性变换的最大问题在于需要更多的输入参量。图像增强算法采用基于灰度统计的计算方法来实现分段线性函数的图像自动增强。分段线性函数的输入参量通过对图像灰度数据的统计结果计算得到，不需要进行人工输入或修正，能够较好地实现图像的对比度拉伸，即图像自动增强。其算法的整体流程框图如图 5.9 所示。

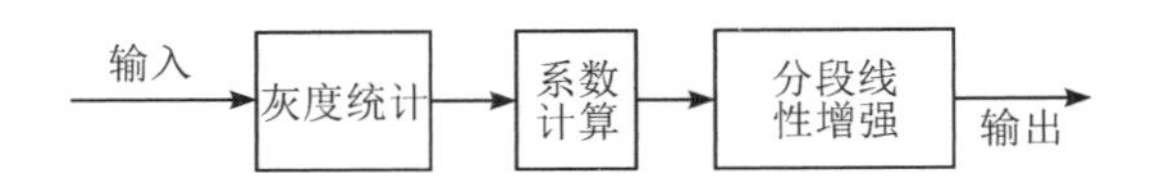

图 5.9 自动增强算法流程框图

自动增强算法中，首先进行的是图像的灰度统计工作。对于 8 位的灰度图像，总共有 0～255 共计 256 个灰度等级，也就是 256 个不同的灰度值。采用一片宽度为 8 位、深度为 256 的双口 RAM 进行灰度统计，其 RAM 的读地址即为数据的输入。当某一个像素单元的灰度值到达统计模块时，将其灰度值作为 RAM 的读地址，那么将输出端得到的存储值经过 ADD 模块后再写入该灰度地址，便可使得该灰度的统计值增加。对整帧图像的有效数据均进行上述操作，即能实现图像有效区域的灰度统计。ADD 模块对于不同的连续灰度数据进行简单的加 1 操作，对重复灰度数据，根据不同的重复数量进行加法操作，对于灰度统计结果的输出阶段，ADD 模块仅将输出值重新写入，不改变数据值。256 计数单元用于灰度统计结果的输出，根据不同的计算单元值，读取不同灰度的统计值。整个灰度统计模块的原理框图如图 5.10 所示。

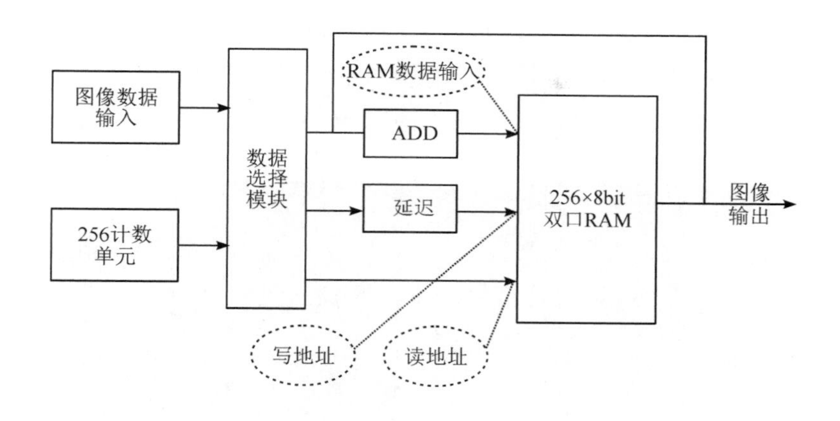

图 5.10　灰度统计模块原理框图

分段系数的计算是基于自动灰度统计的结果进行的，可以根据需要选取不同的分段系数。一般情况下，图像增强的灰度拉伸采用舍弃灰度统计中前后各 5%区域的灰度分布，即将原先占 90%的灰度分布映射到整个灰度空间，但这样会造成部分灰度细节的丢失，本章采用的自动增强算法可以有效避免类似情况。假设分段线性的范围为 $0 \sim m$、$m \sim n$ 和 $m \sim 255$，设定 $0 \sim m$ 与 $m \sim 255$ 对应的灰度统计，可以通过灰度统计的结果计算出需要的系数 m、n 的值。根据 3 个不同的拉伸或者压缩系数 k，可以得到对应的 M、N 的值，M 和 N 就是拉伸或者压缩后的分段灰度的灰度分割阈值。

图 5.11 为 Simulink 中分段线性增强的模型示意图。

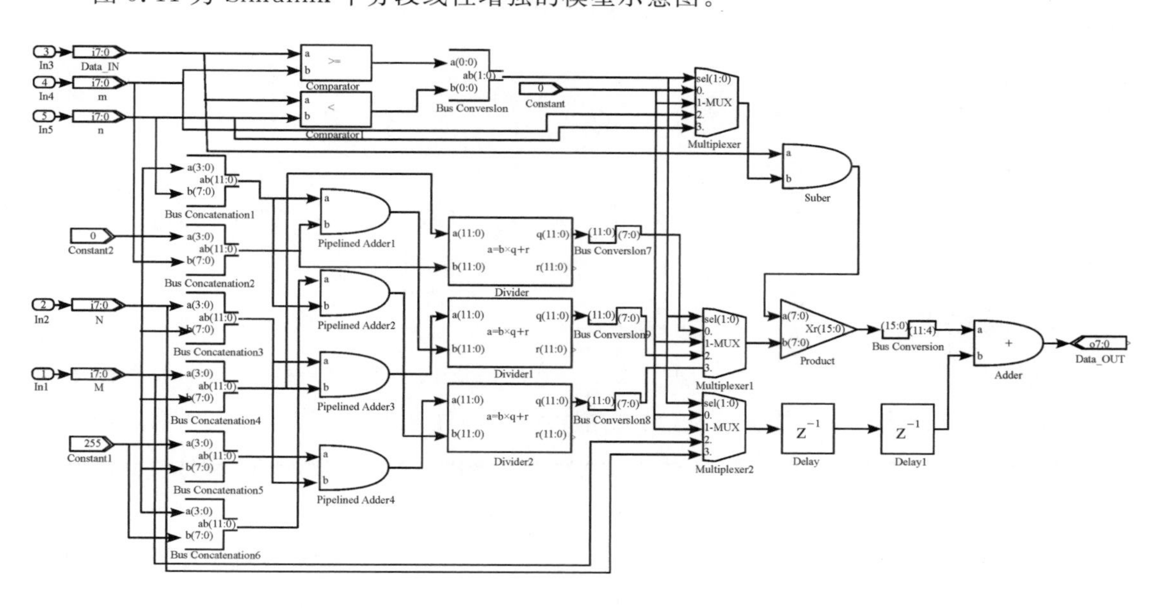

图 5.11　分段线性增强的模型示意图

根据分段线性函数的映射关系，通过输入 m、n、M、N 值，可以计算出拉伸系数，具

体拉伸系数的选取通过灰度分布的判断来决定。然后，通过一些简单的加减法与乘法操作，便能够实现分段线性拉伸，也就是图像的分段增强。将算法移植到 FPGA 上进行测试，效果如图 5.12 所示。

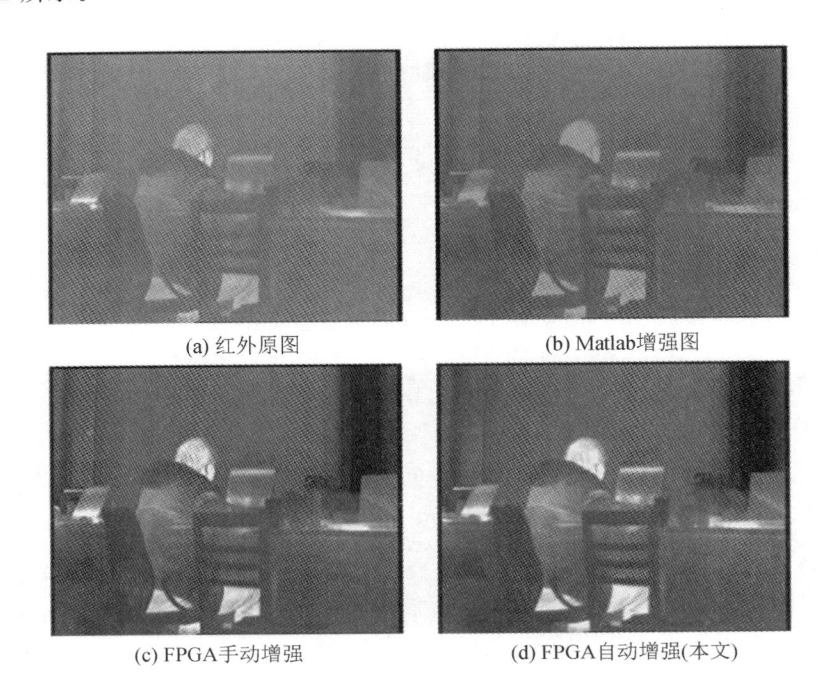

图 5.12 红外图像的分段线性增强效果图

5.2.5 Gauss 算法模板的实现

对于各类的塔形分解融合方法(Gauss 金字塔、Laplace 金字塔、对比度金字塔等)，Gauss 滤波模板是这些融合方法的基本结构元素。利用 DSP Bulider 开发 Gauss 滤波模板，使得塔形分解更加简单，对于缩短算法开发周期，有着重要的作用。

1. 二维卷积

模板卷积运算是图像处理中常用方法之一，很多图像算法均需要通过模板卷积来实现，不同之处只是选择不同的模板系数。在视频图像的处理中，所使用的模板需要的是二维卷积，也就是二维滤波，而一维卷积是二维卷积的基础。需要注意的是，图像处理中的大部分卷积模板都是对称的，不需要进行旋转，这里默认对称模板。

假设 $f(i)$ 为卷积模板序列 $\{w_1, w_2, w_3, \cdots, w_k\}$，$g(i)$ 为输入的图像序列 $\{x_1, x_2, x_3, \cdots, x_n\}$，模板匹配后输出的序列为 $\{y_1, y_2, y_3, \cdots, y_{n-k+1}\}$，则

$$y_i = w_1 x_i + w_2 x_{i+1} + w_3 x_{i+2} + \cdots + w_k x_{i+k-1} \tag{5.1}$$

式中的 y 为 g 序列经过 f 模板的一维卷积结果。硬件实现的结构如图 5.13 所示。

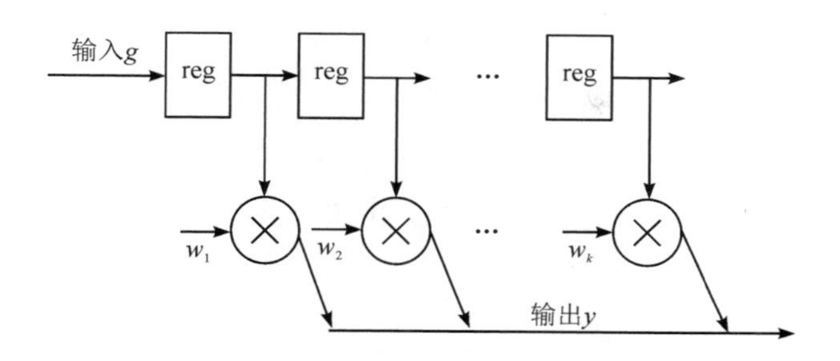

图 5.13　一维卷积硬件结构

对于二维离散信号，如果以 $f(x,y)$ 作为输入，$g(x,y)$ 作为卷积核，那么系统的输出 $h(x,y)$ 可以表示为

$$
\begin{aligned}
h(x, y) &= f(x, y) * g(x, y) \\
&= \sum_{m}\sum_{n} g(m, n) f(x-m, y-n) \\
&= \sum_{m}\sum_{n} f(m, n) g(x-m, y-n)
\end{aligned}
\tag{5.2}
$$

式(5.2)即为二维卷积。二维卷积本质上实现的是一种二维滤波器。在一维卷积的基础上，若输入为 $x_{i,j}$，输出为 $y_{i,j}$，以 3×3 的窗口模板为例，则二维卷积的实现公式可以表示为

$$
\begin{aligned}
y_{i,j} = {} & w_{1,1} \times x_{i-1,j-1} + w_{1,2} \times x_{i-1,j} + w_{1,3} \times x_{i-1,j+1} + \\
& w_{2,1} \times x_{i,j-1} + w_{2,2} \times x_{i,j} + w_{2,3} \times x_{i,j+1} + \\
& w_{3,1} \times x_{i+1,j-1} + w_{3,2} \times x_{i+1,j} + w_{3,3} \times x_{i+1,j+1}
\end{aligned}
\tag{5.3}
$$

对比式(5.2)与一维卷积公式，可以发现二维卷积为 3 个一维卷积之和，利用这一特点，得到二维卷积的硬件结构，如图 5.14 所示。

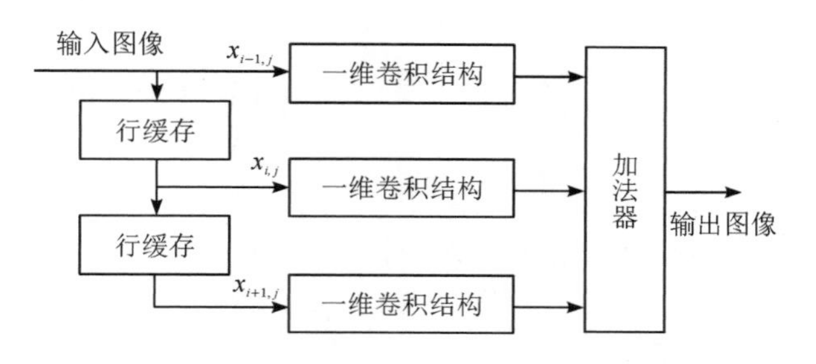

图 5.14　二维卷积硬件结构

2. 构建模板

Gauss 算法模板是以二维卷积的形式实现的，利用上一节的硬件实现方法，可以在 FPGA 上实现高斯卷积。对于 3×3 的卷积窗口，高斯卷积的系数 $\boldsymbol{w}$ 如式(5.4)，将相应的像素单元乘以相应的模板系数，再通过求和与除法运算，便能得到 Gauss 滤波后的图像数据。

$$w=\frac{1}{16}\begin{pmatrix}1 & 2 & 1\\2 & 4 & 2\\1 & 2 & 1\end{pmatrix} \tag{5.4}$$

除法中的1/16可以用右移4位数据实现，整个算法模板在Simulink库中的构建如图5.15所示。

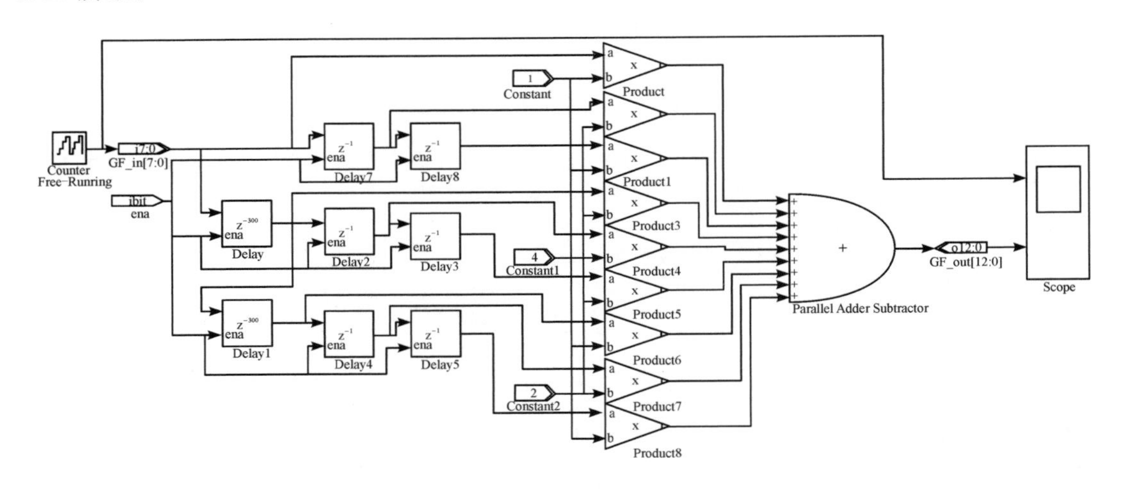

图5.15 Gauss算法模板

5.3 图像融合算法的FPGA实现

采用FPGA的方式实现图像融合算法能够较好地保证融合图像的实时性，本节的图像融合均以实现配准为基础。

5.3.1 FPGA中融合算法的原理与结构设计

FPGA在融合算法的实现过程中必须考虑众多要素，包括融合算法的基本结构、多路图像数据(数据流)的同步处理和图像数据的缓存等。

1. FPGA中融合算法的基本结构

FPGA中各种融合算法的基本结构是相似的，均需要发挥FPGA各方面的优势，改进并优化融合算法，使得融合算法更易实现。在融合算法的设计中，常常需要对某一图像进行多次处理，同时，图像灰度值的计算需要用到邻近域甚至更多的像素单元的灰度值。因此，图像数据的快速缓存与读写是实现实时融合的重要条件。多通道图像数据的输入及融合数据的输出都需要经过编解码的转换，FPGA可以实现编解码的驱动，本节的红外图像

(IR)系统与可见光图像(CCD)系统需要分别对用于视频模数转换、视频解码和数模转换的芯片，如 AD9240、TVP5150 以及 ADV7123 进行编解码驱动。FPGA 中，利用 NiosII 的 IP 核可以对算法各个功能模块进行严格的时序控制，保证算法的有效运行。融合算法的运算则利用 FPGA 的并行处理与大量逻辑资源进行。将上述多个模块有效地组合，便可以构成一个基于 FPGA 的完整的视频融合处理系统。以红外与可见光为例，在 FPGA 上实现 IR 与 CCD 图像融合算法的基本结构如图 5.16 所示。其中，图像缓冲器主要用于融合算法的快速直接调用。FPGA 中可以进行多种融合算法的开发且融合算法可以并行实现，算法之间互不影响，但多种融合算法的同时运行需要消耗更多的资源，对 FPGA 的要求也就更高。

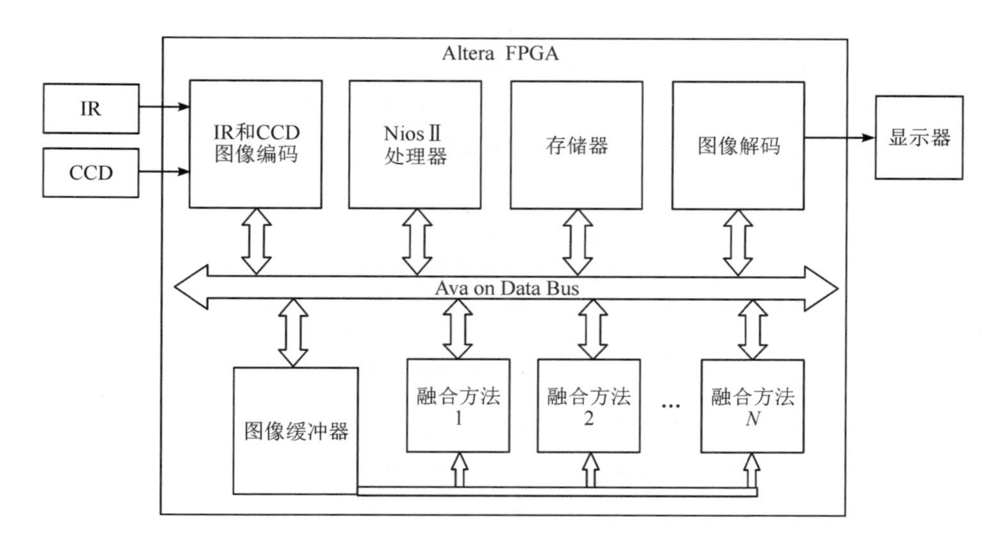

图 5.16　FPGA 实现融合算法的基本结构

2. 数据流的同步处理

FPGA 中融合算法的实现一般采用流水线式的处理结构，在进行两路图像的融合之前，必须保证数据流在时序上的一致，也就是同步。在融合算法的整体设计中，数据流的同步处理是实现融合算法的重要前提。

为实现融合系统时序的稳定，同时降低成本、缩小体积，实现红外与可见光图像的流水线式处理，首先对数据流进行外同步处理。外同步以 CCD 数据流为基准，将 CCD 中的行场同步信号分别送给红外成像单元和 FPGA，控制红外图像的合成与输出速率以及在 FPGA 内部的图像融合速率。CCD 中 27 MHz 的像素时钟信号是整个系统的主时钟，这使得 CCD 和红外成像单元输出的数据流基本同步，同一时刻的红外与可见光图像仅存在少量相位差。

完成数据流的外同步处理后，相位差及图像配准带来的数据流上的时序偏差可以通过 FPGA 的内同步处理消除。外同步处理后系统的时序偏差较小，只需要在 FPGA 内部缓存几行数据即可，不需要缓存整幅图像。缓存单元主要采用内部的双口 RAM 与锁存器相结合的方式，保证两路数据流中同一个像素单元的数据处于同一个时钟周期。图 5.17 为系统数据流同步处理的示意图。

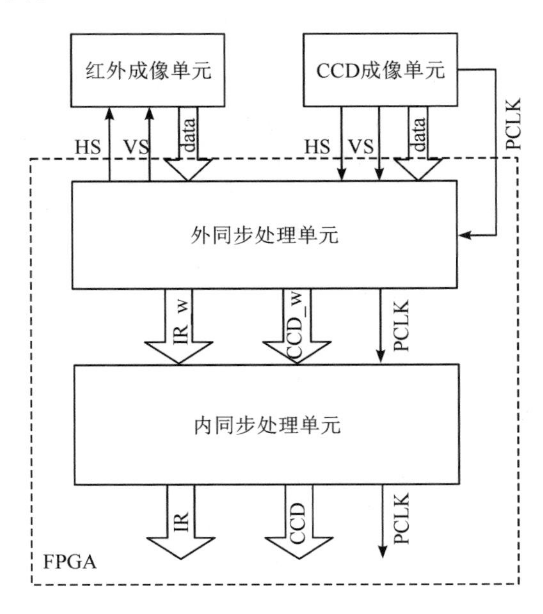

图 5.17　系统数据流同步处理的示意图

经过外同步与内同步两次的同步处理后，IR 与 CCD 图像数据分别输入到图像融合的单元模块，图像融合模块中的主时钟也采用 27 MHz 的 PCLK，方便后续的融合处理。

3. 图像数据的缓存

图像数据缓存主要依靠 FPGA 内部的存储资源和系统的片外 RAM 实现。对于算法中需要频繁调用的图像数据，FPGA 内部的存储资源能够保证在快速读写数据的同时不影响算法的运行效率。对于数量较多且读写次数少的图像数据，可以存储到片外的 SRAM 或者 SDRAM 中。

对于视频图像的融合算法，在计算融合图像像素值时，常需要采样二维图像的窗口函数，对窗口函数范围内的图像像素值进行读取。对于 Laplace 金字塔融合算法，若高斯模板为 3×3，需采样 9 个像素点；对于基于目标增强的形态学融合算法，一般需采样5×5，即 25 个像素点；对于 FABEMD 融合算法，需要的采样点则更多。若按顺序读取的方式采样缓存区域的图像数据，则必定会造成融合算法运算效率下降，实时性降低。为避免这一问题，算法采用快速的并行存取结构来减少融合过程中读写数据的时间。局部图像快速有效的并行缓存结构见图 5.18。

RAM n−k			…				…	
⋮		⋮	⋮		⋮		⋮	⋮
RAM n−1			…				…	
RAM n			…		●		…	
RAM n+1			…				…	
⋮		⋮	⋮		⋮		⋮	⋮
RAM n+1		m−k	…	m−1	m	m−1	…	m+k

图 5.18　局部图像并行缓存结构

5.3.2　Laplace 金字塔融合算法的实现

由于 FPGA 硬件资源的限制，Laplace 金字塔融合算法以 3 层分解为主。对于红外与可见光图像的融合，首先对两路原图像分别进行 3 层分解，即 REDUCE。对分解后的每一层分别进行融合(FUSION)，再将各融合层重构(EXPAND)。整个融合算法的基本结构框图如图 5.19 所示。

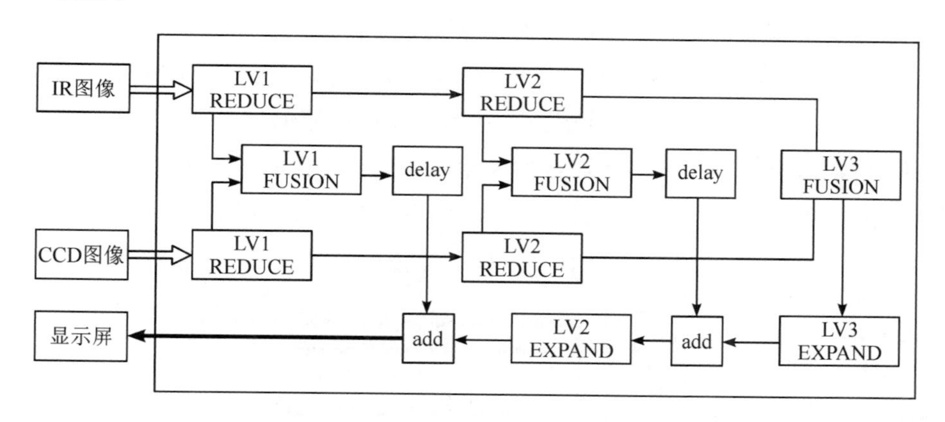

图 5.19　Laplace 融合算法基本结构框图

图 5.19 中，REDUCE、FUSION、EXPAND 分别表示分解、融合、重构 3 个功能模块，add 表示不同层融合图像之间的信息叠加，delay 表示数据延时处理。输入 IR 和 CCD 两路图像数据后，经过 3 层的 Laplace 分解、融合及重构，输出实时的 Laplace 融合图像。需要注意的是，LV1、LV2、LV3 层的融合策略是不同的，底层的高频信息分量保留最多，层数越高，高频分量越少，图像的低频信息越多。Laplace 金字塔分解的主要工作在 REDUCE 中进行，包括对图像的高斯滤波、下采样和上采样，整个分解工作都是流水线式的结构设计，采用 FPGA 内部的 RAM 进行各层数据间的缓存，时间延时不影响图像的实时性。

1. Laplace 融合算法功能模块

Laplace 融合算法的功能模块主要包括 3 个，即分解(REDUCE)、融合(FUSION)、重构(EXPAND)。各个功能模块的设计与实现是图像融合算法成功实现的关键。

1) REDUCE 模块的设计

REDUCE 模块，即分解模块，它的设计是图像融合算法各功能模块中最复杂的一个。该模块需要对原始的输入图像进行 Gauss 塔形分解，然后在 Gauss 分解的基础上实现 Laplace 分解。该模块也是 Laplace 金字塔融合与其他塔形融合方法的主要区别所在。

Gauss 分解主要包含 Gauss 滤波和下采样两步，其流程如图 5.20 所示。

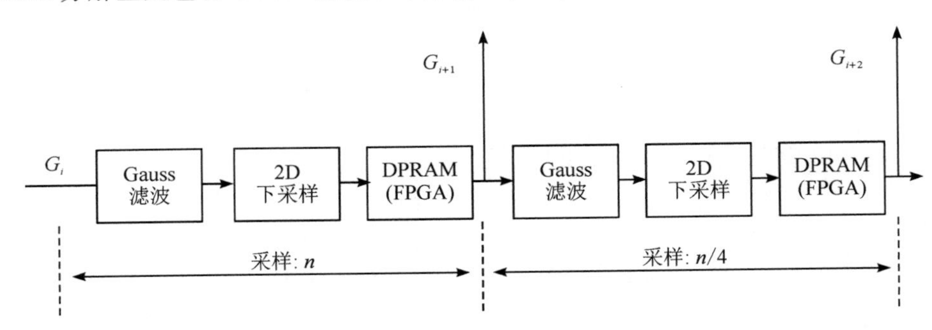

图 5.20 Gauss 分解流程图

图 5.20 中，G_i 表示 Gauss 的第 i 层分解数据，经滤波后进行二维空间的下采样，也就是隔行隔列采样，采样后的数据缓存到 FPGA 的 RAM 中，读取 RAM 中的数据便可输出下一层的 Gauss 分解图像。后一层分解的采样速率是前一层的四分之一，这是由隔行隔列的数据采样决定的。FPGA 中，Gauss 滤波采用 5.2.5 节设计的 Gauss 滤波模板，经过滤波后，对图像数据需要进行下采样和数据的缓存(DPRAM)，其顶层框图如图 5.21 所示。

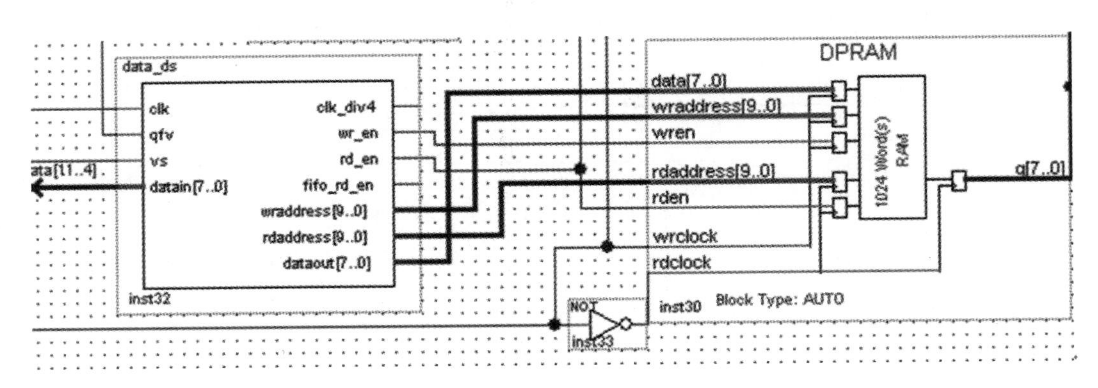

图 5.21 下采样与 DPRAM 顶层框图

图 5.21 中，data_ds 子模块为下采样功能模块，控制写入 DPRAM 的使能信号 wr_en，使得 RAM 仅在有效的数据区间上进行写操作，相当于实现了数据流的下采样操作。在读取缓存数据时，rd_en 信号可以控制读使能，使得输出序列按算法时序要求输出。双口

RAM 可以同时读写的特征保证了读写操作的同步进行，写入与读出仅需要满足时间延时大于 2 行数据时间的要求。

根据 Laplace 分解原理，$L_k = G_k - \text{EXPAND}(G_{k+1})$，用当前的 Gauss 层图像减去下一 Gauss 层的上采样图像可以得到当前的 Laplace 层图像。这里的上采样可以看作是下采样的逆过程，加入隔行隔列的插值图像数据即可，具体的实现方法将在 EXPAND 模块的设计中介绍。图 5.22 为经过 Laplace 分解后，分辨率为 768×576 的黑白 CCD 图像的各 Laplace 层的显示效果图(为方便图像的观察，图中 Laplace 分解层的每个像素点的灰度值均增加了 128)。

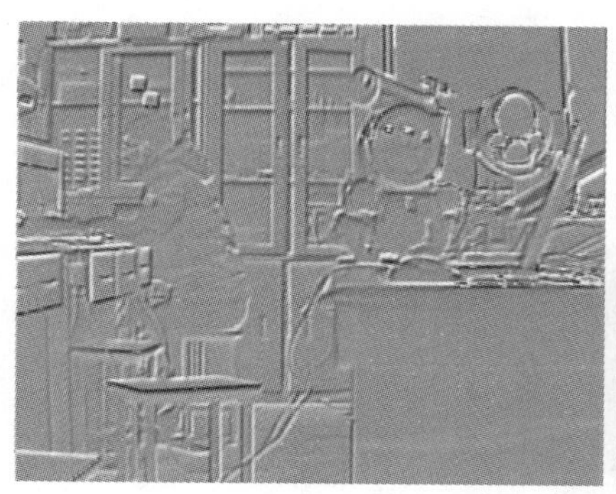

(a) Laplace各分解层

(b) Gauss各分解层

图 5.22　各分解层显示图像

对比图 5.22 中各层 Laplace 和 Gauss 图像可以看到，每经过一层分解，图像的小细节即高频信息会逐渐减少，保留的是图像的低频部分。这与 Laplace 分解的理论相符合，验证了 FPGA 上算法的可行性。

2）EXPAND 模块的设计

EXPAND 模块的设计是整个融合算法的核心之一，Laplace 融合算法的实现过程中有两处需要调用 EXPAND 模块，分别是图像分解时 Laplace 层的构建和各层融合图像的重构。

EXPAND 模块的功能实际就是实现对图像隔行隔列的插值放大。为了保证算法的实时性，可以利用双口 RAM 进行缓存数据的快速读写，实现分解层图像的插值放大。

EXPAND 模块的实现原理框图如图 5.23 所示。

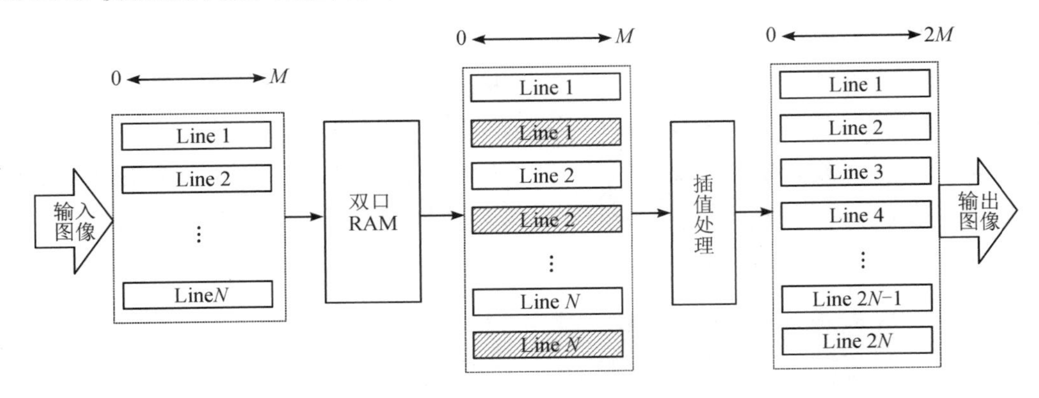

图 5.23 EXPAND 模块的实现原理框图

经过 EXPAND 模块的处理后，图像分辨率大小会由原来的 $M\times N$ 变换到 $2M\times 2N$，这与上一层图像的分辨率相同，在进行 Laplace 层的减法操作或者图像重构的加法操作时，保证了图像像素点的一一对应。图像数据中，由于仅需要使用灰度信号进行处理，因此提取数据流中 Y 分量并作为有效数据信号。将图像有效数据信号与非有效信号分离，对有效部分进行数据处理，同时利用锁存单元与数据缓存使得并行的非有效数据流同步输出，再通过数据流的合成操作，完成整个 EXPAND 模块的运行。

3) FUSION 模块的设计

FUSION 模块即融合模块，主要是实现 Laplace 各个分解层上的图像数据的融合。经过 Laplce 分解之后，图像的特征信息会根据不同的尺度分布在不同的分解层上。由于这些特征信息的差异性，人眼或计算机对这些不同层信息的关注程度也会不同，因此，对各个分解层可以采用不同的融合策略。常用的融合策略包括“或”运算(取大运算)、“与”运算(取小运算)及加权平均运算。

Laplace 融合算法共进行了 3 层分解，顶层图像经过 3 次低通滤波后基本为低频信息，其余两层含有的高频信息较多。对最顶层图像(Laplace 第 3 层)采用加权平均的融合策略，将红外与可见光的分解图像分别相加再除以 2，所得图像即为第 3 层的融合图像。上述过程可以表示为

$$L_{\mathrm{F3}}=\frac{L_{\mathrm{IR3}}+L_{\mathrm{CCD3}}}{2} \tag{5.5}$$

其中，L_{F3} 表示第 3 层的 Laplace 融合图像，L_{IR3} 与 L_{CCD3} 分别是红外与可见光图像的 Laplace 分解第 3 层。对 Laplace 分解第 1 层与 Laplace 分解第 2 层均可采用“或”运算，即绝对值取大运算，仅需选取 2 个分解层中的较大值并赋值给融合层输出即可，其数学表达式为

$$L_{\mathrm{F}i}=\begin{cases}L_{\mathrm{IR}i}, & |L_{\mathrm{IR}i}|\geqslant|L_{\mathrm{CCD}i}|\\ L_{\mathrm{CCD}i}, & |L_{\mathrm{IR}i}|<|L_{\mathrm{CCD}i}|\end{cases} \tag{5.6}$$

其中，$i=1$ 或 2。Laplace 运算会产生图像灰度的负值，因此这里采用绝对值的方式进行比较，FPGA 实现过程中，为避免负数的运算，可以通过提高数据位数与放大灰度值的方式来进行处理，待算法运算结束后再还原到原数据。

2. Laplace 融合算法的实现

完成系统图像数据流的同步处理后，可以对两路同步的数据流进行 Laplace 图像融合。Laplace 融合算法的实现流程框图如图 5.24 所示。

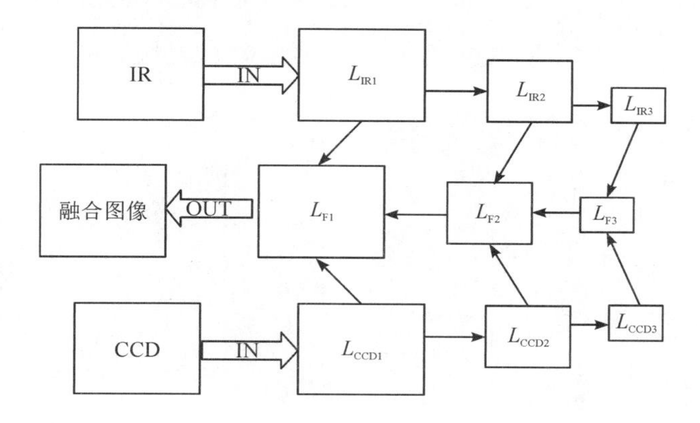

图 5.24　Laplace 融合算法流程框图

IR 通道与 CCD 通道的图像同时进行 3 层 Laplace 分解，分解过程由 REDUCE 模块实现。完成图像分解后，由顶向下逐层进行图像融合，将每一层的融合结果经 EXPAND 插值放大后叠加到前一层的融合图像上，最后输出系统的融合图像。整个算法的缓存设计均采用 FPGA 内部的双口 RAM 结构，能够快速地进行数据的缓存读写，每层的 Laplace 分解与重构都需要略大于 2 行的数据缓存，整体数据延时满足视频图像的实时要求。

Laplace 融合算法的 RTL 级设计如图 5.25 所示。

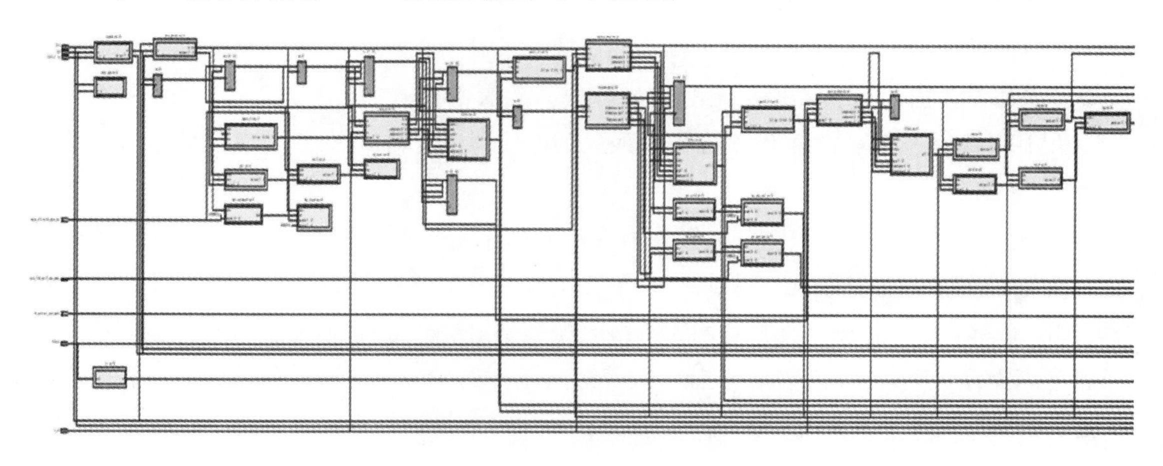

图 5.25　Laplace 融合算法 RTL 设计图

至此，Laplace 融合算法的分解模块已经在 FPGA 硬件电路板上实现，但融合与重构模块仍处于代码调试与优化阶段，需要进一步开发与研究。图 5.26 为 3 层 Laplace 融合算法的效果仿真对比图，可以看到 Laplace 融合图像的效果明显优于普通的加权平均融合算法。

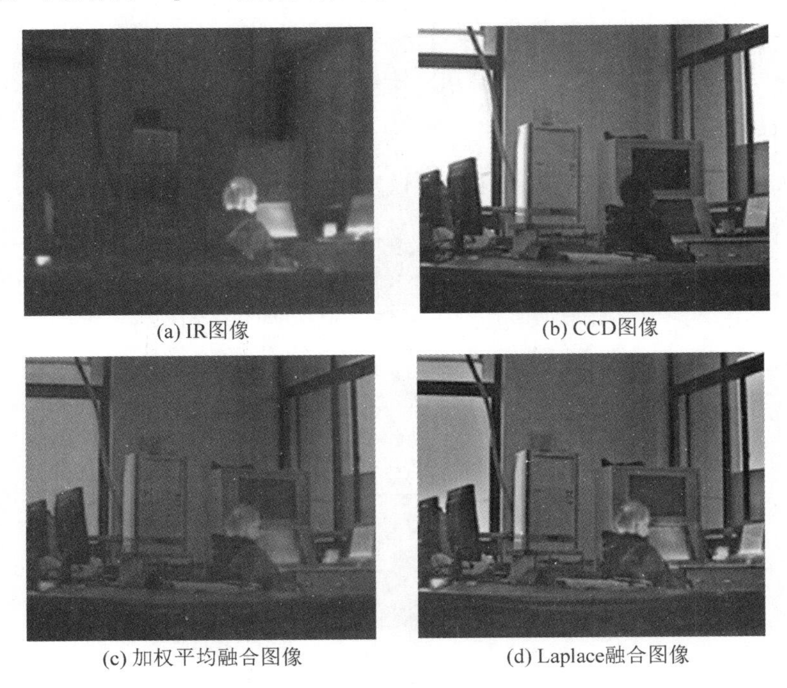

图 5.26 Laplace 融合算法的效果仿真图

5.3.3 FABEMD 融合算法的实现

FABEMD 融合算法是 BEMD 算法的优化，能够快速且自适应地识别出边缘特征与图像细节。能否在 FPGA 上实现该算法，实时性处理是关键所在。

1. FABEMD 融合算法基本结构

FABEMD 融合算法需要对输入的图像数据进行大量的计算，以得到需要的分解层信息。若采用单线程的算法流程是无法满足算法的实时性要求的，因此，与 Laplace 算法相同，FABEMD 融合算法也采用并行流水线式的基本结构，其 FPGA 实现的基本结构框图如图 5.27 所示。

IR 与 CCD 图像输入 FPGA 融合系统后，两种图像均分 3 路并行处理，其中两路经滤波器后输入 BIMF 分解单元，另一路经锁存单元在 SUB 模块处等待 BIMF 单元的返还数据。BIMF 单元中，对每个通道输入的两路数据分别进行形态学取大值与形态学取小值的模板处理操作。形态学处理后的图像需要经过自适应的均值平滑滤波来消除求取包络曲面的迭代过程，完成平滑滤波后将两个极值曲面相加可以得到平均包络曲面(E_m)，用本层的输入原图数据减去 E_m 曲面便能得到当前层的 IMF(内禀模式函数)。重复上述过程，可以依次进行多层的红外与可见光图像分解。最后将各个分解层的信息与剩余图像信息输入融合模块依次进行融合重构，得到最终的融合图像。

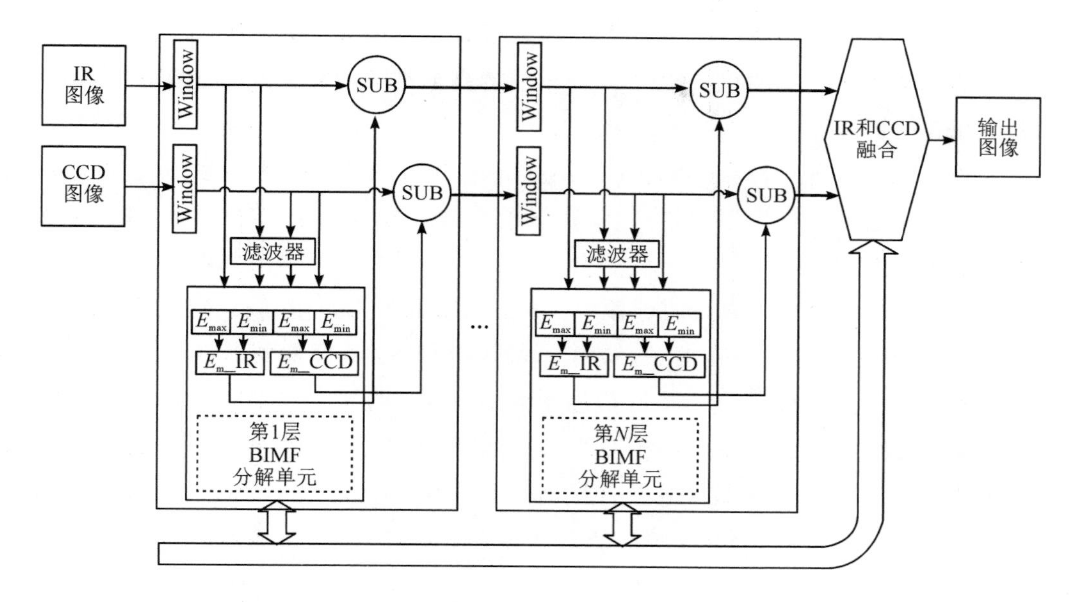

图 5.27　FABEMD 融合算法 FPGA 实现的基本结构框图

2. FABEMD 融合算法的实现

FABEMD 融合过程可以概括为以下几个步骤：

(1) 对原始图像进行 FABEMD 分解；

(2) 将两路输入图像(IR 与 CCD)的分解层分别进行融合；

(3) 将两路输入图像(IR 与 CCD)的剩余部分进行融合；

(4) 合并并重构各个融合层图像，输出最终的融合图像。

FABEMD 的分解是融合算法实现的核心部分，每个 BIMF 模块中体现高频细节的 IMF 的求取过程与第 3 章中的方法类似。以第 1 层 BIMF 模块的实现为例，其 FPGA 实现流程框图如图 5.28。

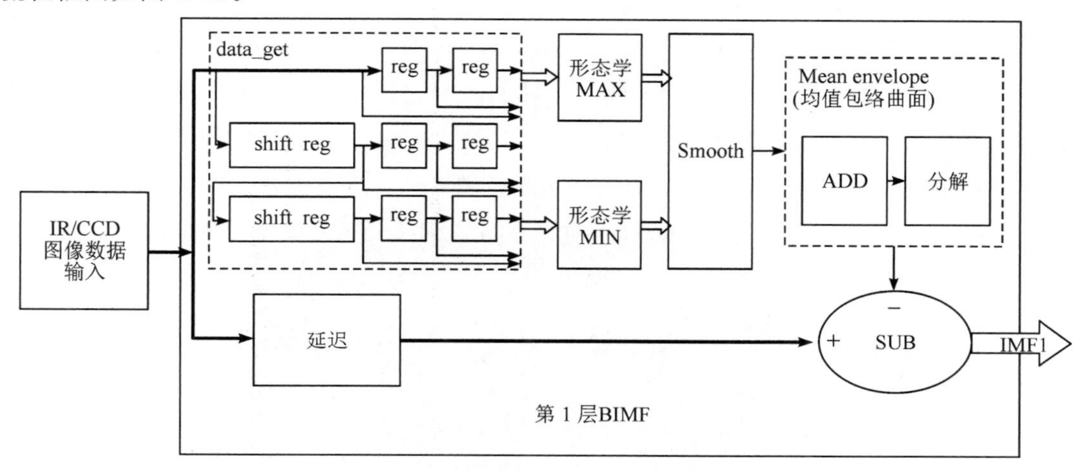

图 5.28　第 1 层 BIMF 的 FPGA 实现流程框图

经 FABEMD 算法分解后，每层的 IMF 相当于图像的高频细节，SUB 减操作后剩余的便是图像的低频部分。由于每层分解后，当前层的高频细节会被去除，同时下一层的形态学模板会相应地扩大(如第 1 层 3×3，第 2 层 5×5，第 3 层 7×7)，因此，每个分解层的图像细节体现不同。对于红外与可见光融合系统，由于 FPGA 的并行读写数据能力出众，因此可以进行较大范围的形态学滤波，如采用 18×18 的形态学模板，需要同时读取 18×18=324 个图像像素点的灰度值。

在进行形态学求取极值曲面的过程中，极值的求取与形态学模板范围内的像素值有关，即与形态学模板系数的设定有关。对于一般的融合场景，圆形的形态学模板通用性较强，适用范围广。以圆形模板为例，在模板系数的设定过程中，距离模板中心越近的像素点，其模板系数越大，反之则越小。图 5.29 为近似圆形的形态学极值模板系数示意图，其中分解的第 1 层采用 3×3 模板，第 2、3 层则分别采用 5×5 与 7×7 模板。在实际运用中，具体的模板系数与实际采用的形态学模板形状和大小紧密相关，应按照形态学的目标特征设定适合的形态学模板。

1	2	1
2	4	2
1	2	1

第1层

0	1	1	1	0
1	2	4	2	1
1	4	8	4	1
1	2	4	2	1
0	1	1	1	0

第2层

0	0	1	1	1	0	0
0	1	2	2	2	1	0
1	2	4	8	4	2	1
1	2	8	16	8	2	1
1	2	4	8	4	2	1
0	1	2	2	2	1	0
0	0	1	1	1	0	0

第3层

图 5.29 形态学极值模板系数示意图

FABEMD 融合算法各个分解层的融合策略，与 Laplace 金字塔分解融合相同，可以采用绝对值取大/取小与加权平均相结合的方式。

FABEMD 融合算法各分解层图像在 FPGA 上的运行效果如图 5.30 所示。其中图 5.30(a)和(b)为可见光与红外原图像；图 5.30(c)～(h)为 BIMF1～BIMF3 的分解层图像；图 5.30(i)和(j)为剩余部分的图像。由于硬件条件的限制与算法开发难度等原因，FABEMD 融合算法的开发与 Laplace 融合算法类似，仅在 FPGA 硬件电路板上实现了两路图像的分解工作，各个模块的联调与融合算法的具体实现还需要进一步的研究。

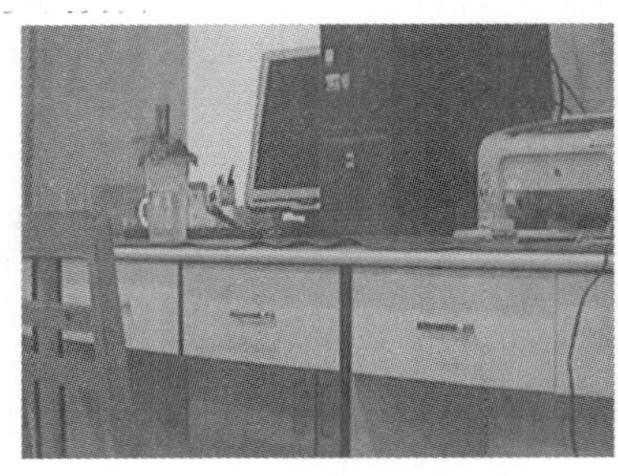

(a) CCD_image

(b) IR_image

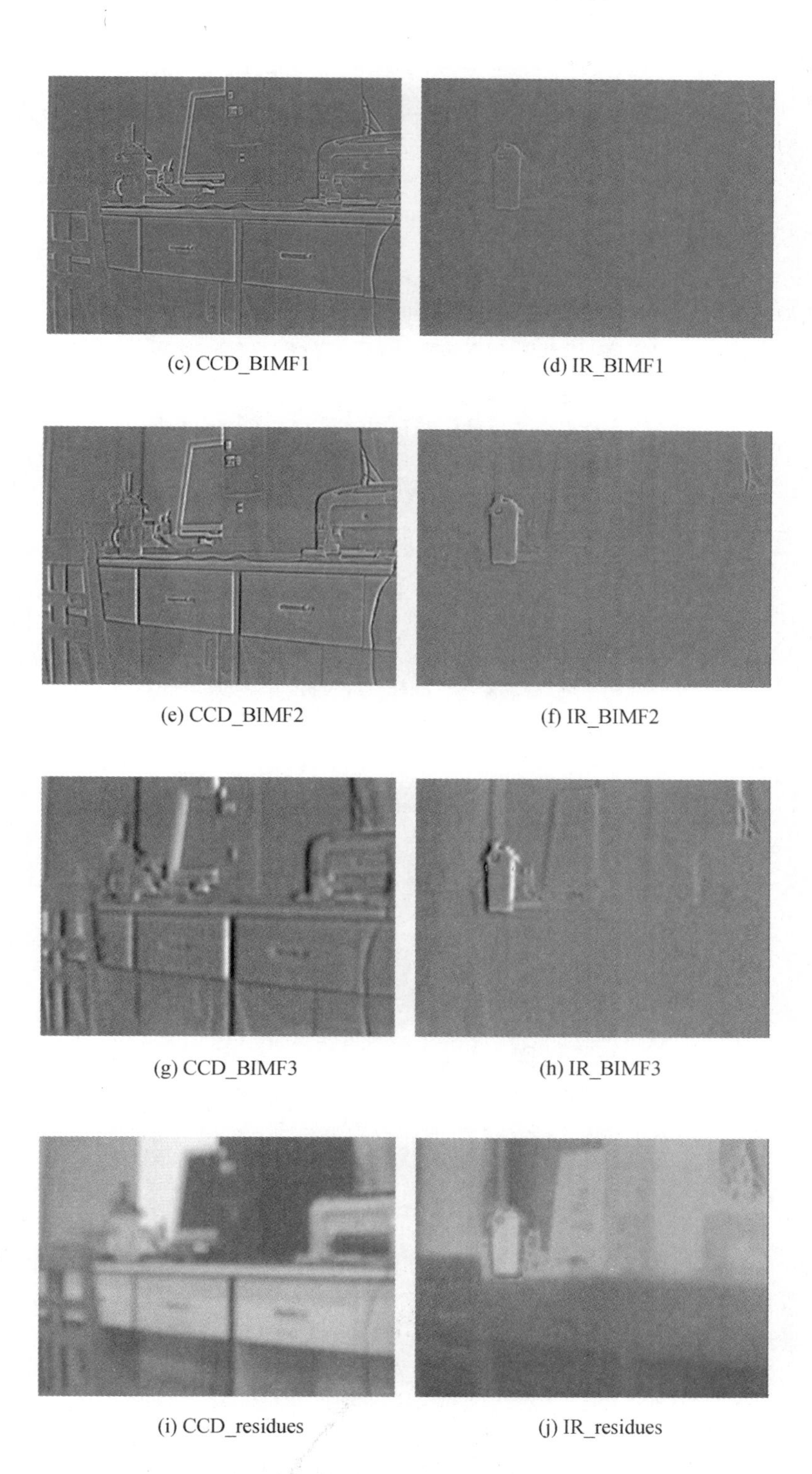

(c) CCD_BIMF1　(d) IR_BIMF1

(e) CCD_BIMF2　(f) IR_BIMF2

(g) CCD_BIMF3　(h) IR_BIMF3

(i) CCD_residues　(j) IR_residues

图5.30　FABEMD融合算法在FPGA上的运行效果

5.4 实验结果与分析

5.4.1 系统成像实验

根据功能要求，设计的系统硬件电路板和封装集成后的成像设备如图 5.31 所示。

图 5.31 系统硬件电路板和封装集成后的成像设备

图 5.32 为由系统实物与试验设备拍摄和处理后的图像，其中图 5.32(a)为 CCD 拍摄图像，图中的背景细节丰富，但无法区分哪个水杯是冷水或者热水；图 5.32(b)为红外成像图，图中背景细节非常模糊，但热水杯非常显著；图 5.32(c)为红外边缘提取图像；图 5.32(d)为加权平均融合图像。

由图 5.32 可知，经过图像融合后，在图 5.32(d)图像中能够很好地区分出两个杯子的温度差异，同时也可以观察到图像的背景细节，加权平均融合的效果比较好。但由于实验的融合环境比较理想(红外目标显著，环境干扰少)，不能代表实际复杂背景的融合情况。因此，对于复杂环境，需要更加有效的融合算法来实现图像的实时融合。

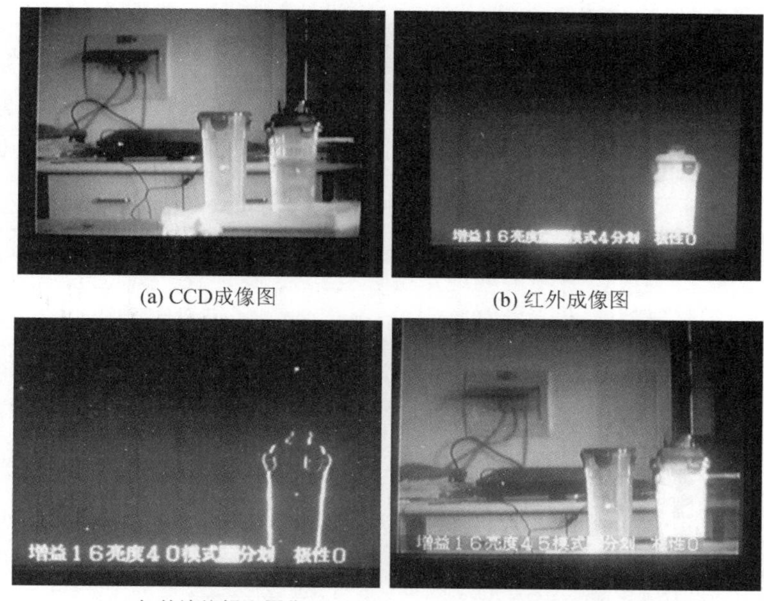

(a) CCD成像图　　(b) 红外成像图

(c) 红外边缘提取图像　　(d) 加权平均融合图像

图 5.32　由系统实物与试验设备拍摄和处理后的图像

5.4.2　系统性能分析

系统的性能分析主要从系统的 FPGA 资源占用率和算法实时性两个方面进行。在 Quartus Ⅱ 8.1 环境下对整个融合系统的算法进行编译。硬件逻辑中，既包括 DSP Builder 实现的图像预处理模块，也包括图像配准、图像融合等功能模块。根据生成的报告文件，整个系统的资源使用情况如表 5.1 所示。

表 5.1　系统资源分析

系统单元模块		逻辑寄存器	逻辑单元	存储单元	9 位乘法器
红外预处理		2800	5180	308 736	6
CCD 预处理		1740	4830	308 736	6
自动增强		1801	2143	54 334	2
图像配准		3124	7780	237 360	2
融合算法	Laplace	7552	17360	617 472	0
	FABEMD	7862	17860	617 472	0
系统总体		55856	55856	2 396 160	312
占用比率(EP3C55)(以 FABEMD 为例)		31%	67.6%	89.5%	5%

分析表 5.1 可知，FPGA 完全能够完成文中设计的两种图像融合算法，其中FPGA 的RAM 资源占用较多，接近 90%，但逻辑资源仍有许多剩余。若采用更高级的 FPGA 芯片，融合系统将可以完成更多辅助功能。

系统实时性分析情况如表 5.2 所示。

表 5.2 系统实时性分析

<table>
<tr><th>系统功能模块</th><th>算法运行时间/ms</th><th>系统采样时间/ms</th><th>注释说明</th></tr>
<tr><td>数据转换</td><td>0.074</td><td>40</td><td>2 个时钟周期</td></tr>
<tr><td>图像预处理</td><td>0.111</td><td>40</td><td>3 个时钟周期</td></tr>
<tr><td>自动增强</td><td>0.111</td><td>40</td><td>3 个时钟周期</td></tr>
<tr><td>图像配准</td><td>8.192</td><td>40</td><td>—</td></tr>
<tr><td>加权平均融合</td><td>0.037</td><td>40</td><td rowspan="3">融合算法的输出会存在一定的时间延时（其中 Laplace 和 FABEMD 分别需要 3～5 行左右延时），但没有任何停顿或间隔</td></tr>
<tr><td>Laplace 融合</td><td>0.037</td><td>40</td></tr>
<tr><td>FABEMD 融合</td><td>0.037</td><td>40</td></tr>
</table>

通过对融合算法各功能模块的实时性分析可以看到，本章的融合算法具备实时性，融合算法的运算时间几乎可以忽略，仅仅需要数个 FPGA 的像素时钟周期。算法的图像显示存在一定的时间延时，但延时时间较短，远小于一帧图像的刷新时间，不影响融合图像的实时显示。因此，融合算法基本满足系统的实时性要求。

本章小结

本章首先介绍了 DSP Builder 的开发流程；然后重点介绍了图像预处理中需要的几个重要模块，最后介绍了图像融合算法在 FPGA 上的具体实现，包括 Laplace 金字塔融合算法和 FABEMD 融合算法。

本章的融合算法实现是融合系统的算法核心，根据 FPGA 的结构特点，首先介绍并分析了 FPGA 中融合算法的基本原理与结构设计，其中数据的缓存读写设计涉及算法实时性，是算法运行效率的关键。Laplace 金字塔融合算法的实现以 Laplace 分解为基础，进行 3 层的 Laplace 分解，虽然该算法的计算量较大，但 FPGA 的并行结构能够快速完成算法的计算过程。FABEMD 融合算法的实现主要依靠形态学进行极值包络曲面的提取，该算法较原来的 BEMD 进行了较多的优化与改进，能够利用 FPGA 快速完成极值包络曲面的提取。3 层分解的 FABEMD 融合相比一般的加权平均融合，效果有了明显的提升。

本章研究的两种融合算法实现都充分利用了FPGA强大的并行处理能力，设计了快速并行的缓存读取结构，采用了流水线式的算法设计，确保在FPGA上实现融合图像的实时显示。

本章参考文献

[1] 陈清. 基于Matlab/DSP_Builder的FIR滤波器设计与仿真[J]. 指挥信息系统与技术，2010，1(1)：67－72.

[2] 王晔晔. 基于DSP Builder的运动目标检测及跟踪算法设计[D]. 哈尔滨：哈尔滨工业大学，2009.

[3] 张辉，胡广书. 基于二维卷积的图像插值实时硬件实现[J]. 清华大学学报，2007，47(6)：33－36.

[4] 卢蓉，高昆，倪国强，等. 基于FPGA的多分辨图像融合系统实时实现的研究[J]. 激光与红外，2007，37：1018－1021.

[5] 卢蓉，高昆，倪国强，等. 图像融合系统中多分辨实时处理策略的研究[J]. 激光与红外，2006，36（11）：1075－1078.

[6] 李剑，张覃平. 基于小波变换的实时图像融合技术的实现[J]. 仪器仪表用户，2010(6)：56－58.

[7] 王结臣，王豹，胡玮，等. 并行空间分析算法研究进展及评述[J]. 地理与地理信息科学，2011，27(06)：1－5.

[8] 王海涛. 高分辨率实时图像处理的FPGA设计及实现[D]. 成都：电子科技大学，2006.

[9] 王毅，倪国强，李勇亮. 多分辨率图像融合算法在DSP系统中的实现[J]. 北京理工大学学报，2001，21(6)：765－770.

[10] 邢素霞. 基于DSP与FPGA的红外与可见光实时图像融合系统硬件设计[J]. 北京工商大学学报，2006，26(6)：44－47.

[11] BHUIYAN S M A，ADHAMI R R，KHAN J F. Fast and adaptive bidimensional empiri-cal mode decomposition using order-statistics filter based envelope estimation [J]. EURASIP Journal on Advances in Signal Process，2008(164)：1－18.

[12] MANDIC D P，GOLZ M，KUH A，et al. Signal Processing Techniques for Knowledge Extraction and Information Fusion[M]. New York：Springer，2008.

[13] DAMERVAL C，MEIGNEN S，PERRIER. A fast algorithm for bidimensional EMD[J]. IEEE Signal Processing Letters，2005，12(10)：701－704.

第6章 中、短波红外与激光测距融合信息感知系统设计与实现

6.1 概　　述

多传感器图像融合技术利用多光谱图像的互补特性，能够提升图像融合的适应性，开拓了图像融合应用的深度和广度。微光电视、红外热像仪、紫外探测器和可见光探测器是几种常用的图像融合探测装置，从中选择两种及以上探测器进行多传感器融合系统的研制，可以有效地进行战场态势感知、目标识别和军事打击。但多传感器图像之间配准问题严重影响了最终的融合结果，如何提高多传感器图像的配准精度，成为研制高性能多传感器融合系统的关键所在。

本书通过研究多传感器图像配准技术，构建了一种符合人眼感知的多传感器图像配准客观评价准则，进而提出了一种多波段红外图像联合配准和融合方法，该算法能够有效地配准短波红外和中波红外图像，算法稳定性好、失配率低。为了提升算法的运算速率，我们研究了多传感器图像不匹配的原因，进而研制了一种多传感器图像融合前端光学测试系统，提出了一种前端光学检测方法。经过光学校正后，短波红外和中波红外探测器的视场重合率大于98.62%，探测器之间的光轴夹角小于0.5 mrad，图像中心配准精度不大于0.5个像素。以上研究为最终设计更高配准精度和融合质量的多传感器融合系统提供了理论支撑。

为了进一步提升多传感器融合系统的性能，研制了中、短波红外与激光测距融合信息感知系统。该系统采用基于FPGA的高速电路处理技术，实现短波红外和中波红外的图像融合及伪彩色处理等；采用控制精度更高的光电转台控制电路，实现水平方向360°连续旋转和垂直方向120°转动的功能，并具有大视场图像拼接、目标测距、目标识别和跟踪功能。该系统具有计算能力强、抗干扰性好、结构简单稳定等优点。本章主要介绍中、短波红外与激光测距融合信息感知系统的设计方案和功能实现。

6.2　系统总体结构

中、短波红外与激光测距融合信息感知系统主要由前端探测系统和后端显示与控制系统组成，系统结构如图 6.1 所示。其中前端探测系统由光电转台和转台底座组成。光电转台由中波红外热像仪、短波红外热像仪、激光测距仪、陀螺仪、垂直方向电机组成。中波红外热像仪用于获取中波热辐射图像，对于高温物体具有非常好的红外响应。短波红外热像仪覆盖波段为 0.9～1.7 μm，具有较好的透雾功能，并能够有效观测波长为 1.06 μm 和 1.57 μm 的激光信号。激光测距仪的探测距离为 10 km，可以探测军用车辆目标与信息感知系统的实时距离，误差小于 5m。陀螺仪用于光电稳像，垂直方向电机及光电编码器用于光电转台的俯仰控制。光学结构用于调节多种探测装置的光轴平行度，实现探测器图像的粗配准。转台底座包含电源模块和水平方向电机及光电编码器。电源模块可以对上述设备进行供电，水平方向电机及光电编码器用于光电转台的水平方向运动控制。

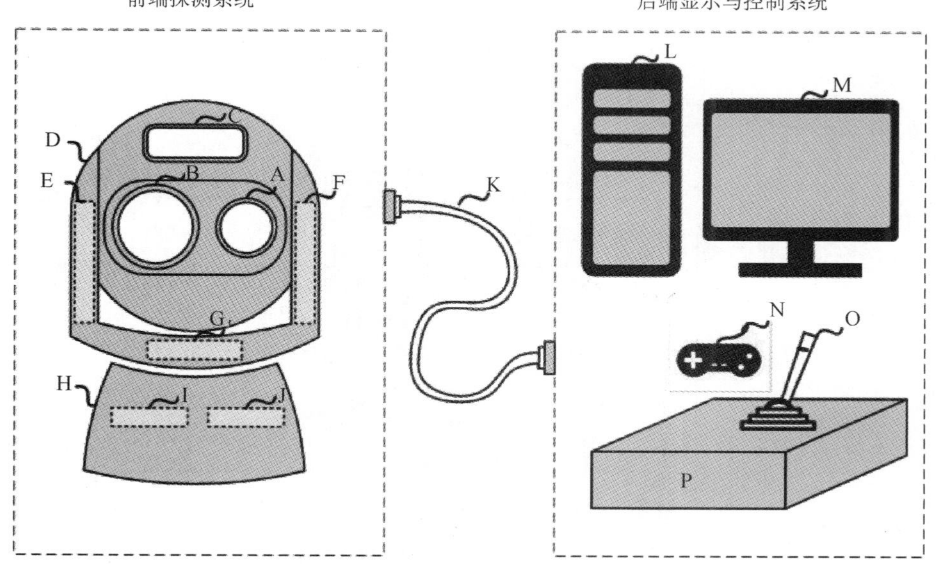

A—短波红外热像仪；B—中波红外热像仪；C—激光测距仪；D—光电转台；E—垂直方向电机；F—陀螺仪；G—导电滑环；H—转台底座；I—水平方向电机；J—电源模块；K—航空接插件；L—图形工作站；M—显示器；N—操控手柄；O—摇杆；P—图像处理单元。

图 6.1　中、短波红外与激光测距融合信息感知系统结构图

后端显示与控制系统由操控手柄和摇杆、图形工作站及图像处理单元组成。其中图像处理单元主要实现视频图像的预处理、图像配准、图像融合等功能。图形工作站主要实现目标分割跟踪及图像拼接等功能。经过图像处理单元和图形工作站处理后的视频信号通过人机交互界面实现图像显示和用户操控的功能。通过人机交互界面，用户操控软件可向前端探测系统发出控制指令。控制指令包括前端探测系统的自检、工作模式切换、融合模式切换、移动侦测区域的设置、伺服系统参数的设置等。操控台由操控手柄和摇杆构成，图形

工作站发出的指令也可以通过操控手柄和摇杆进行发送，简单方便。为了保证整个系统的实时性，将常用功能硬件化，采用 FPGA 技术实现图像配准和图像融合的实时处理，而对于选用功能，则通过图形工作站上的硬件资源进行系统实现。

图像处理单元的工作原理如图 6.2 所示，通过多路视频采集卡同步采集前端探测系统中的短波红外探测器和中波红外探测器输出的模拟信号，并转化为数字视频信号。经过采集后的数字视频信号进入图像处理单元，通过图像的预处理、图像配准和图像融合等操作，经过处理的数字视频信号输出至图形工作站进行图像拼接、目标识别和跟踪等操作。显示及控制系统可以显示监控视频和预警信息，同时也可以向前端探测系统发送控制指令。

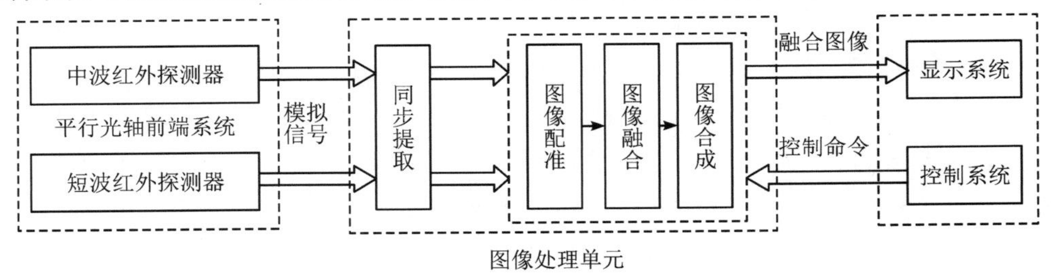

图 6.2 图像处理单元工作原理示意图

人机交互界面的工作原理如图 6.3 所示，包含伺服控制模块、目标距离测量模块、图

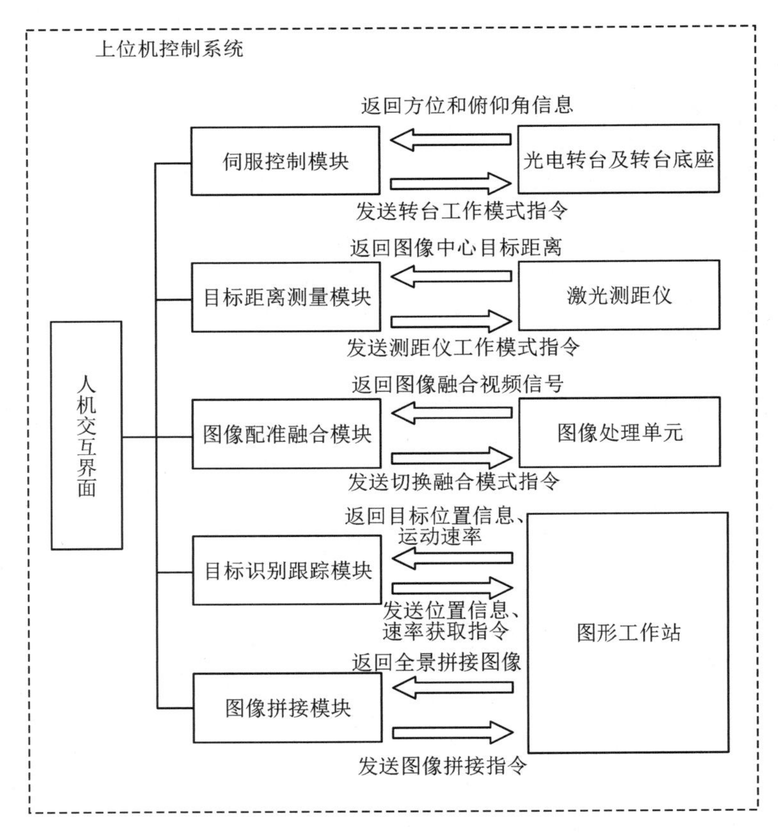

图 6.3 人机交互界面的工作原理示意图

像配准融合模块、目标识别跟踪模块以及图像拼接模块。伺服控制模块通过向光电转台及转台底座发送 PD 协议指令来控制转台的转动、静止、巡逻扫描等动作，并能够接收伺服电机返回的光轴方位和俯仰角信息；目标距离测量模块通过向激光测距仪发送串口指令来获取图像中心目标的距离；图像配准融合模块通过向图像处理单元发送串口指令来切换不同的融合模式；目标识别跟踪模块通过向图形工作站发送串口指令来获取目标在图像中的位置信息并进行跟踪；图像拼接模块通过向图形工作站发送串口指令来实现短波红外、中波红外及融合图像的全场景拼接功能。

中、短波红外与激光测距融合信息感知系统的设计指标如表 6.1 所示。

表 6.1　中、短波红外与激光测距融合信息感知系统设计指标

参数名称	指　标
探测距离	0～5 km(对 3 m×3 m 的坦克目标)
配准精度	≤0.5 像素
工作温度	－20～50℃
储存温度	－20～70℃
功　耗	＜ 25 W
光轴夹角	＜ 0.5 mrad
视场重合度	＞95％

6.3　前端探测系统设计

6.3.1　制冷中波红外热像仪

通过研究发现，中波红外热像仪对场景中的细小温度差异极为敏感。这是由于中波红外波段的热对比度高于其他波段。依据黑体物理学原理，热对比度是由目标温度变化而引起的信号变化，热对比度越高，就越容易探测到与背景温度差别不太大的目标。因此，中波红外热像仪在夜间成像的图像对比度要比其他波段的红外热像仪高。

由于融合系统面向远距离夜视监控领域，探测距离达到 5 km，为了看清 5 km 处的坦克目标，必须保证红外热像仪的焦距达到 300 mm。此时，为了确保成像质量，非制冷热像系统的镜头会变得非常庞大。这是由于非制冷热像仪必须在较低 F 数(通常为 1.4 至 2)下运行，才能获得与制冷热像仪相当的敏感度。高的 F 数会降低非制冷热像仪的敏感度。光学系统的 F 数是镜头焦距与前端镜头直径的比率。当探测器焦距为 300 mm，F 数为 1.4 时，镜头的直径为 215.29 mm。这样的镜头元件非常昂贵，并且已经达到锗金属加工的极限。相比之下，制冷热像仪系统可以在 F 数为 4 或者大于 4 的情况下进行工作，而不会对系统的敏感度造成重大影响。这是由于制冷热像仪可以通过增加曝光时间或积分时间来弥补通光量的减少。当探测器焦距为 300 mm，F 数为 4 时，镜头的直径仅为 75 mm。其成本大大优于相同性能的非制冷红外热像仪的镜头成本。

结合以上两项优点，我们选用武汉高德红外股份有限公司生产的 IR300-Z9B 中波制冷红外热像仪，其技术参数如表 6.2 所示，整机实物如图 6.4 所示。

表 6.2 IR300 - Z9B 技术参数

参数名称	指　　标
探测器类型	中波制冷 MCT 焦平面
有效像素	320×256
像元尺寸	30 μm
响应波段	3～5 μm
探测器盲元	总数不超过 1%
启动时间	常温下启动时间≤8 min
电源	直流 18～36 V 供电，平均功率≤30 W
NETD	≤35 mK
MRTD	≤200 mK
电气接口	通信接口：RS422 标准数字接口 视频输出：CCIR/PAL 制 1 路，差分输出 1 路

图 6.4 IR300-Z9B 中波制冷红外热像仪实物图

由于红外热像仪需要实现大小视场的切换功能，因此选用武汉高德公司提供的与其配套的双视场红外镜头，材料为锗玻璃，主要技术参数如表 6.3 所示。

表 6.3　红外镜头技术参数

参数名称	指　　标
焦距	300 mm/75 mm
F 数	3#
视场切换时间	不大于 2 s(常温 25℃)
光轴平行度	大/小视场：≤0.50 mrad
光轴一致性	≤60″
光轴稳定性	≤30″
作用距离	大视场：对 2.3 m×2.3 m 运动军用车辆 识别距离≥1 km，发现距离≥3 km 小视场：对 2.3 m×2.3 m 运动军用车辆 识别距离≥5 km，发现距离≥12 km
视场大小	大视场：7.32°×6.86° 小视场：1.83°×1.47° 电子变倍：2×，4×(直线变倍方式)
调焦范围	大视场：30 m 至∞； 小视场：100 m 至∞

图 6.5 所示为制冷中波红外图像与非制冷长波红外图像红外小视场效果图。图 6.5(a)中，中山陵距离热像仪 5.1 km，不仅可以清晰地看到台阶上的行人，而且能够容易地区分行人目标和台阶的温度差。同时，可以清晰地分辨中山陵建筑的边缘。图 6.5(b)中，中山陵建筑的边缘较为模糊，看不清台阶上的行人。

(a) 中波制冷红外图像

(b) 长波非制冷红外图像

图 6.5　红外小视场效果图

6.3.2　InGaAs 短波红外热像仪

短波红外(SIR)热像仪工作波段为 0.9～1.7 μm，可以有效地覆盖常用激光探测的波段，能够很好地观测波长为 1.06 μm 和 1.57 μm 的激光光束，广泛应用于军事侦察和反侦查领域。图 6.6 给出了短波红外热像仪对激光探测的效果图，图中激光波长为 1.06 μm，离探测器距离为 10 km。

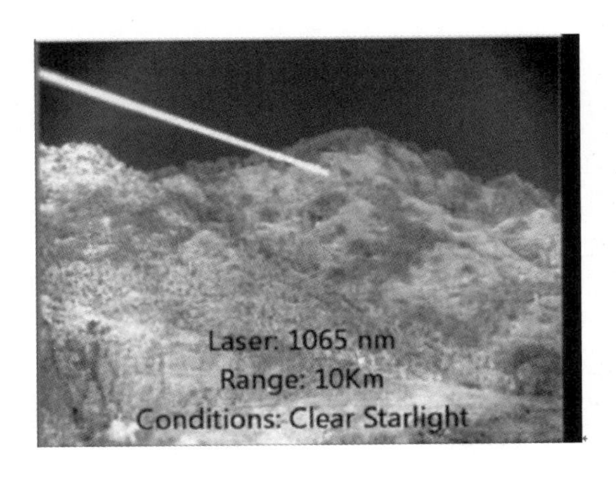

图 6.6　短波红外热像仪对激光探测的效果图

此外，由于短波红外线在传播时受气溶胶的影响较小，可穿透一定浓度的雾霭烟尘，具有较好的透雾效果，因此短波红外热像仪可以取代普通可见光探测器应用于远距离监控领域。图 6.7 显示了在海洋轻度雾霾条件下，距离探测器 47 km 处油井的可见光和短波红外成像对比图，可见光图像中很难看到油井的桅杆，而短波红外图像中油井清晰可见，甚至能够看到长支臂上的火光。

(a) 可见光图像

(b) 短波红外图像

图 6.7　距离探测器 47 km 处油井的可见光和短波红外成像对比图

结合以上优点，选用 Photonic Science 公司生产的 SIR InGaAs Camera，其技术参数如表 6.4 所示。

表 6.4　SIR InGaAs Camera 技术参数

参数名称	指　　标
探测器类型	InGaAs 短波红外焦平面
有效像素	320×256
像元尺寸	30 μm
响应波段	950 nm～1700 μm
峰值量子效率	达到 80%(在 1000 nm 处)
平均量子效率	＞70%(在响应波段)
灰度级	65535(16 位)
像素频率	10 MHz
暗电流	大约 0.01 pA/pix/s(制冷后，未校正前)
曝光时间	用户可选择：＜10 μs 或＞1 s
电气接口	通信接口：RS232 标准数字接口 视频输出：PAL 制模拟信号 1 路
电源输入	110 V 或 230 V，平均功率小于 50 W
操作环境	存储温度：－10～80℃ 工作温度：0～50℃ 湿　　度：0～80%RH

短波红外镜头选用波长科技生产的 LSW07515640 镜头，材料为锗玻璃，短波红外热像仪及镜头实物如图 6.8 所示。主要技术参数如表 6.5 所示。

图 6.8　短波红外热像仪及镜头实物图

表 6.5 LSW07515640 镜头技术参数

参数名称	指　　标
焦距	75 mm
F 数	1.5#
波长	900～1700 nm
图像对角线	20 mm
后焦距	17.526 mm
尺寸	长度：131.64 mm 口径：91 mm
调焦范围	2 m 至∞

6.3.3 激光测距仪

红外、微光/可见光融合的信息感知系统没有激光测距装置，为了保证目标测距和识别跟踪功能的有效实现，在系统中需要加入激光测距装置。激光测距仪主要用于目标距离的探测，其工作波长为 1.57 μm，对人眼来说是安全的。激光测距仪具有超远程测距、测距精度高、发射角小的优点，但是易受烟雾、灰尘、雨滴的干扰，测距时功耗较大。为了满足对 5 km 以内的车辆目标进行精确测距，选用中国兵器工业集团北方激光科技集团有限公司研制的××××激光测距仪(军品)，实物如图 6.9 所示，其技术参数如表 6.6 所示。

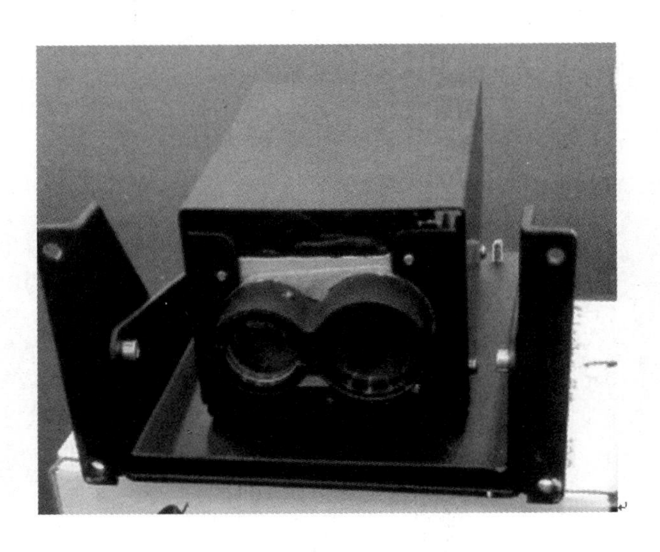

图 6.9 激光测距仪实物图

表 6.6　激光测距仪技术参数

参数名称	指　　标
工作波长	1.57 μm
测程	最小测程：≤100 m 最大测程：≥5000 m(对 5.6 m×2.3 m 的军绿色靶板目标能见度为 10 km)
测距精度	≤5 m
工作频率	5 次/分钟，紧急条件下 10 次/分钟
准测率	≥98%
角分辨率	≤1.3 mrad
串口协议	RS232
波特率	9600 b/s
电源	直流电源，电压 7.2 V
功耗	测距时功耗不大于 7.2 W，工作电流不大于 1.2 A 待机功耗不大于 1.2 W

6.3.4　前端光学结构

前端光学结构用于安装短波红外热像仪、中波红外热像仪及激光测距仪，并保证三个探测器的光轴平行。因此设计时需要考虑加入光轴调校模块，确保安装时能够对三个探测器进行光轴的调整。

现有的融合系统前端光学系统，大多采用共光轴设计。A. Toet 等人设计了一款名为“壁虎”的便携式实时彩色夜视系统。该系统采用共光轴设计，将可见光和近红外图像进行融合。

“壁虎”系统的传感器模块采用共光轴结构来配准可见光和近红外图像。系统以夜行壁虎来命名，这是由于其在较暗的光线水平下依然能够实现彩色成像。“壁虎”系统包含两个图像增强器(夜视护目镜)，两个探测器，一块半透半反镜(透可见光反近红外)，一块近红外反射镜。通过半透半反镜和近红外反射镜可以构建出一个简单的共光轴光学结构。半透半反镜选用 Edmund Optics 公司生产的 NT43-958 型镜面。该镜面厚度为 4.3 mm，用于反射入射角为 45°的近红外射线，并能够透射可见光射线。近红外反射镜选用 Melles Griot 公司生产的 01 MFG 011 型镜面，对近红外波段射线的平均反射率优于 87%。“壁虎”系统的前端光学结构如图 6.10 所示。

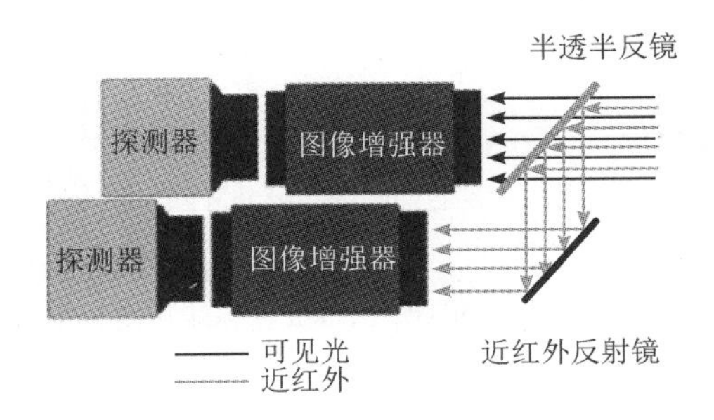

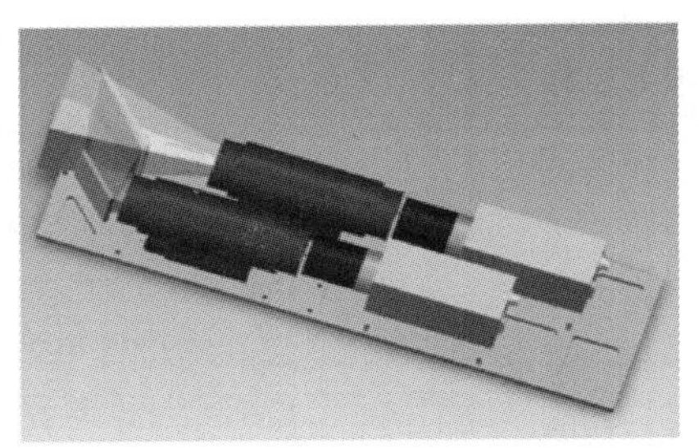

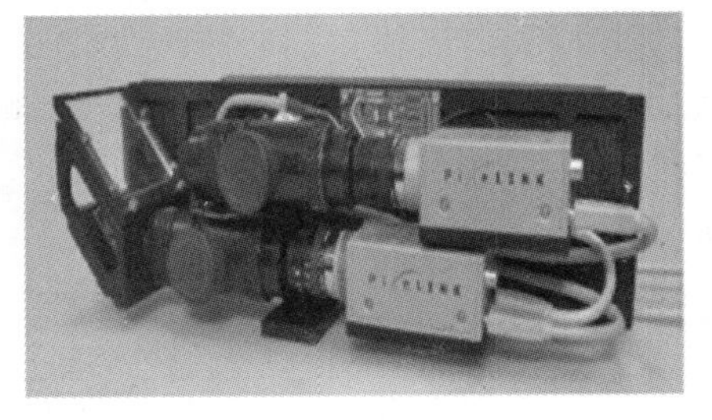

图 6.10 “壁虎”系统的前端光学结构

图 6.11 给出了一组公园场景的多传感器拍摄图像，其中图 6.11(a)为可见光图像，图 6.11(b)为近红外图像，图 6.11(c)为将可见光置于 R 通道、近红外置于 G 通道的 RGB 伪彩色图像，图 6.11(d)是“壁虎”系统拍摄的公园场景图像，图 6.11(e)是相同场景的可见光彩色图像。图像融合算法采用色彩传递算法。通过对比可以发现，相比其他图像，图 6.11(d)中的目标和背景更加容易被区分出来。

(a) 可见光图像

(b) 近红外图像

(c) RGB伪彩色图像

(d) 系统拍摄图像　(e) 可见光彩色图像

图 6.11 公园场景的多传感器拍摄图像

尽管共光轴结构的图像融合系统具有配准精度高的优势，但是前文已经提到：远距离夜视监控由于探测距离远、环境照度低等原因，对探测器的要求较高。如果采用共光轴结构的图像融合系统对半透半反镜进行光学镀膜，则会导致光和热辐射在通过镜面时损失大量的能量，从而降低探测器的目标探测能力，无法达到利用融合技术实现增强探测能力的目的。这一缺陷在正常照度或近距离探测时对成像质量影响不大，但是对于极低照度(伸手不见五指的黑夜)、极远距离(目标距离大于 5 km)的情况，极有可能使得探测器不能够有效探测目标，从而导致融合系统的漏检率上升。基于上述原因，目前的共光轴融合系统，都没有给出低照度、远距离情况下的融合图像。

为了能够实现低照度、远距离情况下的夜视监控功能，“壁虎”系统采用平行光轴方案，原理如图 4.14 所示。通过实验完成了平行光轴方案对于融合系统的可行性分析。结论表明：当光轴平行度小于 0.5 mrad 时，可以近似地认为多传感器图像间仅存在平移、旋转和缩放的线性配准关系。本系统采用平行光轴设计。

6.3.5　光电转台

光电转台的主要作用是承载融合系统所需要的各种探测器，并能够实现融合系统水平和俯仰方向的高精度转动，从而保证系统的稳定性和对目标的精确跟踪。由于红外、微光/可见光融合的信息感知系统存在转动精度较低、转台稳定性差的缺陷，不利于图像融合和目标跟踪等功能的实现，因此，选用天津市亚安科技股份有限公司生产的 YS3010 中型抗风云台作为融合系统的光电转台。该云台采用稀土合金材质，便于运输和安装；具有 RS422 全双工通信，支持角度回传和角度控制，用户可根据串口指令进行二次开发；球型结构设计，将风阻降至最低，可持续抗风 12 级以上，全天候环境设计防护等级达到 IP66。该云台的最小转动精度为 0.05°，可以有效地提升系统转动精度。光电转台 YS3010 实物图如图 6.12 所示。表 6.7 给出了光电转台 YS3010 的主要技术参数。

图 6.12　光电转台 YS3010 实物图

表 6.7 YS3010 主要技术参数

参数名称	指 标
水平运动范围	0°～360°(连续旋转)
水平速度	0.05～45(°)/s
垂直运动范围	－60°～＋90°
垂直速度	0.05～45(°)/s
转动精度	0.05°
角度回传	PELCO-D 支持，默认查询回传(可实现实时回传)
视频输出	3 路(实际使用 2 路)
串口协议	RS422
波特率	19 200 b/s
电源	AC 220(1±25%)V
功耗	＜ 300 W
工作环境	温度：－35～＋60℃ 湿度：＜90%RH
球舱外径	600 mm
承载	25 kg

1. 光电转台机械设计

光电转台采用高控制精度的转台控制电路，实现水平方向 360°连续旋转和垂直方向 120°转动的功能，光电转台球体机械结构如图 6.13 所示。

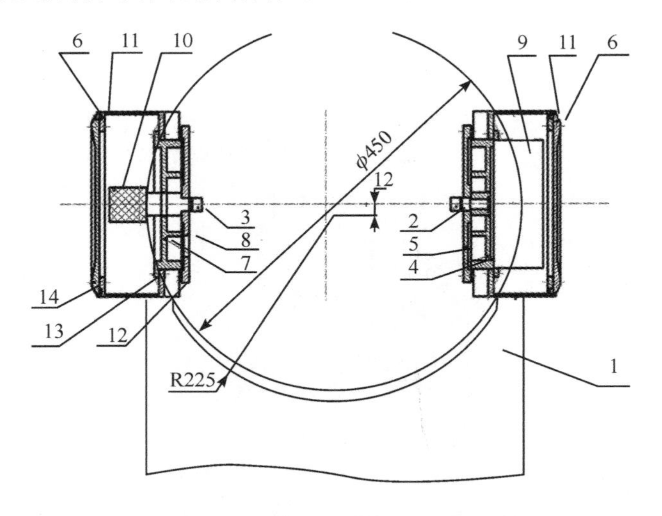

1—壳体；2—左耳联轴节；3—右耳联轴节；4—左耳轴承座；5—左耳轴承盖；6—耳盖；7—右耳轴承座；8—右耳轴承盖；9—力矩电动机；10—光电编码器；11—密封胶圈；12—螺钉；13—螺钉；14—螺钉。

图 6.13 光电转台球体机械结构图

2. 光电转台控制系统设计

光电转台控制系统由一个集成的陀螺系统和两台力矩电机组成。两台力矩电机分别对转台的俯仰和水平方向进行控制，陀螺系统实现控制系统的稳像控制。通过 PELCO-D 协议和系统自带的控制指令，可以对光电转台控制系统进行二次开发，常用的控制指令如表 6.8 所示。通过 OPENCV 在上位机软件界面上添加控制按键，利用串口实现上位机对光电转台的远程控制。

表 6.8　常用控制指令

工作模式	指　　令
关闭转台	FF 01 04 00 00 00 05
开启转台	FF 01 02 00 00 00 03
停止	FF 01 00 00 00 00 01
上转	FF 01 00 08 00 20 29
下转	FF 01 00 10 00 20 31
左转	FF 01 00 04 20 00 25
右转	FF 01 00 02 20 00 23

当控制系统处于工作状态时，陀螺系统实时监测光电转台在水平和俯仰方向的角度和角速度，并通过串口将该信息发送给上位机软件。上位机软件根据接收到的角度和角速度信息，通过 PID 控制算法计算出控制量，根据控制量产生相应的 PWM 信号，力矩电机响应 PWM 信号，从而完成对光电转台的稳像控制。稳像控制流程如图 6.14 所示。

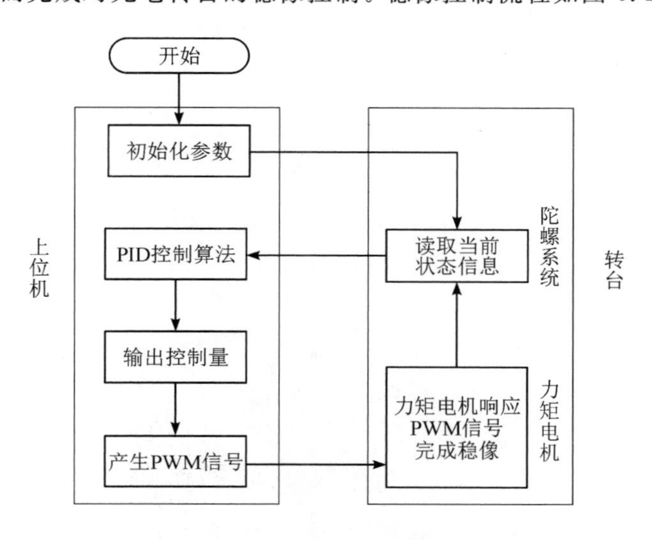

图 6.14　光电转台稳像控制流程图

3. 视频图像的噪声分析和去除

在研制中、短波红外与激光测距融合的信息感知系统时，会出现电磁干扰问题。在使用系统平台时，通过CRT监视器观察从光电转台输出的图像视频，发现有数条滚动的斜纹和离散的椒盐噪声两种干扰。其中椒盐噪声类似50 Hz工频干扰的离散点，非常有规律，因此初步判定图像视频信号中串入了交流电源的工频耦合干扰。滚动的斜纹干扰可能是阻抗不匹配或者单频干扰造成的。

通过示波器观察视频输出信号，发现这些干扰信号为“加性噪声”，即噪声与信号的关系为相加，不管有无信号，噪声都存在。为了分析噪声成分，关闭探测器电源，使得图像视频信号输出为0。通过示波器观察即时的视频输出信号，可以看到一个频率为50 Hz的周期性干扰信号，通过FFT运算确定干扰信号的主要频率为50 Hz、9～10 kHz以及18～20 kHz三个波段。需要将这三种视频信号的串扰来源找到，才能够消除噪声干扰，保证探测器图像质量。

经过对整个信息感知系统的供电和信号传输线路进行分析和排查，发现短波红外探测器和中波红外探测器在光电转台内部并未共地，两个探测器的地线存在约为1.2 V的电位差。而在传输到图像工作站的采集卡时，两路视频信号的地是相通的，所以可能存在地平面不平整，从而导致整个系统存在一个较大的回路。如果周围环境中有足够的电磁噪声，便会通过电磁耦合污染地平面，进而干扰图像信号。基于以上分析，对信息感知系统进行了共地处理，通过示波器观察，发现50 Hz干扰消除，图像中的椒盐噪声也削弱了，但是并未完全消除。同时发现系统设计时，数字地和模拟地没有分开，在传输信号线中视频地和串口地是共用的，所以滚动的斜纹干扰可能是数字地引入的串扰。经过分析，将串口地也加入之前的共地系统，并在视频信号和地上增加共模电感，这时在9～10 kHz以及18～20 kHz波段的周期性干扰消失，滚动的斜纹干扰减弱，但是依然存在。

经过上述两步处理，发现噪声干扰大大减弱，但并未完全消除。分析干扰可能是由电机驱动器及短波、中波红外探测器制冷系统造成的，因此在电机电源上缠绕铁氧体磁环来去除电机驱动器的干扰，将短波、中波红外探测器的输出线束进行屏蔽处理，分开视频线和电源线，防止串扰的发生。经过上述处理，视频图像中的干扰和噪声完全消失。图6.15所示为共模电感实物图。图6.16所示为噪声分析和处理前后的视频图像质量对比图。

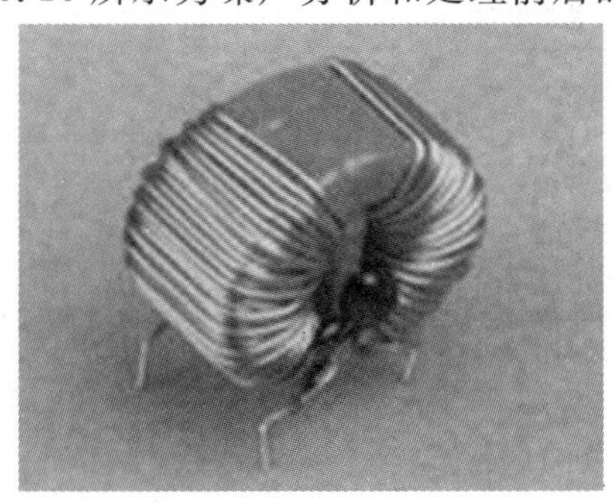

图6.15 共模电感实物图

(a) 处理前

(b) 处理后

图 6.16　噪声分析和处理前后视频图像质量对比图

6.4 后端显示与控制系统设计

后端显示与控制系统由操控台、图形工作站及图像处理单元组成。其中图像处理单元主要实现视频图像的图像预处理、图像配准、图像融合等功能。图形工作站主要实现目标分割跟踪及图像拼接等功能。经过图像处理单元和图形工作站处理后的视频信号通过人机交互界面实现图像显示和用户操控的功能。下面主要介绍图形工作站选型、图像处理单元设计和上位机控制软件设计。

6.4.1 图形工作站选型

图形工作站主要实现目标分割跟踪及图像拼接等功能，为了保证对图像数据的快速处理和存储，选用惠普 Z820 图形工作站，实物图如图 6.17 所示，该工作站的具体参数如表 6.9 所示。

图 6.17　惠普 Z820 图形工作站实物图

表 6.9 Z820 具体参数

参数名称	指　　标
CPU	2×Intel Xeon E5-2640 2.5 15MB 1333 6C 95W
内存	64GB DDR3-1600 (8x8GB) 2 CPU Reg RAM
显卡	NVIDIA Quadro 4000 2GB GFX Special
GPU	NVIDIA Tesla C2075 Compute Processor
硬盘	4×2TB 7200 RPM SATA 1st HDD
网卡	千兆以太网卡

6.4.2 图像处理单元设计

图像处理单元的功能是将由两路多传感器输入的视频信号，经硬件电路及核心芯片的处理后，最终输出一路图像。故而图像处理单元的硬件系统主要由视频解码芯片、核心处理芯片(FPGA)、片外存储器、视频编码芯片等构成。

视频解码芯片的功能是将模拟视频信号进行解码，输出数字视频数据流，并将行场信号提供给 FPGA；FPGA 接收到两路数字视频数据后，对数据进行相关算法的处理(包括图像预处理、图像配准以及各种融合算法的实现等)，同时，FPGA 也对外围芯片进行配置，控制相应存储器，提供一些接口的驱动信号，使其正常工作；视频编码芯片则将 FPGA 处理完毕的视频数据流进行编码，转换成模拟信号，连接到图形工作站输出。

图 6.18 所示为图像处理单元的工作原理框图，使用单片 FPGA 作为核心处理芯片。

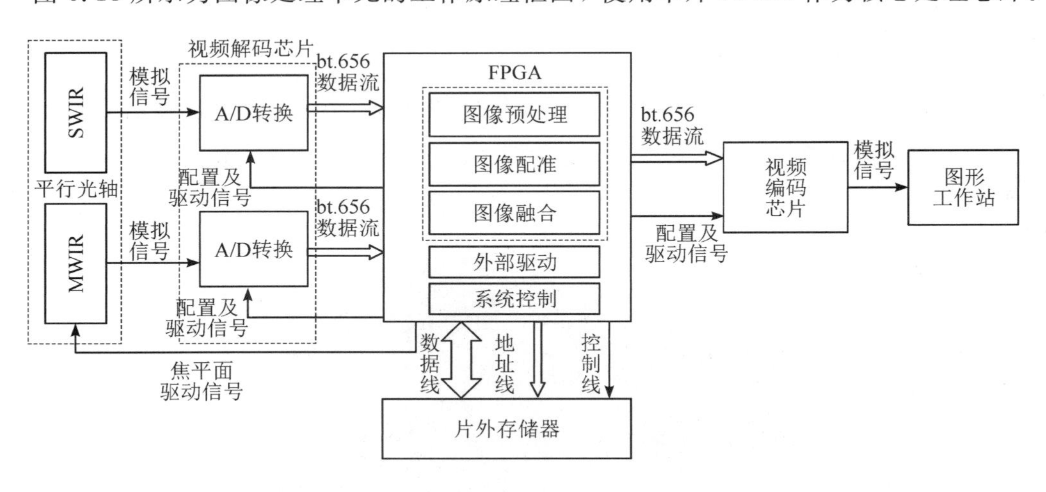

图 6.18 图像处理单元的工作原理框图

由图 6.18 可知，图像处理单元主要包括以下几个部分：

(1) 视频解码芯片：主要是将探测器输出的视频模拟信号转化为数字信号，然后输送给 FPGA 处理。

(2) FPGA：图像处理单元的核心关键，主要是对两路图像进行相关预处理、同步配准以及图像融合操作，以及产生一些驱动及控制信号。

(3) 片外存储器：主要分为两部分，一是图像处理过程中可作为缓存区间使用的存储芯片，如 SDRAM 或 SRAM；二是存储一些需掉电不丢失的信息的存储芯片，如 FLASH 和 E2PROM。

(4) 视频编码芯片：FPGA 最终输出的视频数据是 bt.656 格式的，需使用相关编码芯片将 D/A 编码转换之后，以 PAL 制输出。

6.4.3　上位机控制软件设计

上位机控制系统主要功能是向前端探测系统发出指令，控制指令包括前端探测系统的自检、红外探测器参数设置、融合模式切换、激光测距控制、伺服系统参数的设置、图像拼接控制、目标识别跟踪控制等。

整个控制软件通过上位机向前端探测系统发出指令，控制指令包括前端探测系统的自检、红外参数调节、融合模式切换、伺服电机的控制等。为了更灵活和方便地发送指令，设计了上位机人机界面软件。整个软件在 Visual Studio 2005 的环境下开发，采用 Visual C++ 语言。该界面主要的功能如图 6.19 所示。

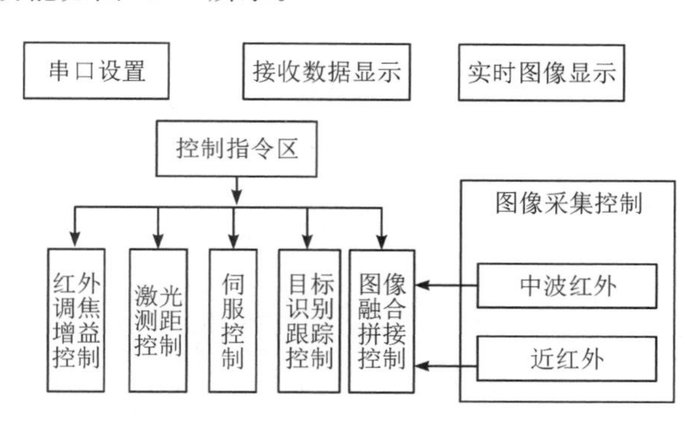

图 6.19　上位机人机界面功能说明

各模块功能简介如下：

(1) 串口设置模块：设置串口编号和波特率，连接和关闭串口。Z820 图形工作站最多支持 8 个串口同时工作，本系统中需要用到 4 个串口，通过串口设置模块，可以控制这 4 个串口的连接和关闭。

(2) 图像采集控制模块：控制图像采集初始化。

(3) 接收数据显示模块：可以实时显示发送和返回的串口指令。若返回值正确，则认为控制指令成功发出，系统按照指令内容切换工作模式，否则认为控制指令发送失败，系统保持原有工作模式。

(4) 控制指令模块：根据系统的不同工作模式区分，控制指令模块可以分为 5 个子模块——红外调焦增益控制模块、激光测距控制模块、伺服控制模块、图像融合拼接控制模块、目标识别跟踪控制模块。下面介绍每个控制模块的具体功能。

① 红外调焦增益控制模块具有调焦模式选择、红外增益校正、电子变倍、场景补偿等功能。

② 激光测距控制模块具有测距仪自检、测距准备、测距开始及接收目标距离信息等功能。

③ 伺服控制模块具有电机摆动模式选择、摆动幅度控制、电机转动速度控制、查询电机位置、打开/关闭电机等功能。

④ 图像融合拼接控制模块具有灰度融合模式选择、彩色融合模式选择、配准参数选择等功能。

⑤ 目标识别跟踪控制模块具有目标分割、目标跟踪等功能。

6.5 系统功能的实现

6.5.1 图像配准功能的实现

在远距离夜视监控领域，由于目标观测距离远大于目标深度，因此根据系统实际情况，采用仿射变换进行配准，其模型公式为

$$\begin{pmatrix} x' \\ y' \end{pmatrix} = \begin{pmatrix} \cos\theta & \sin\theta \\ -\sin\theta & \cos\theta \end{pmatrix} \begin{pmatrix} k_x & 0 \\ 0 & k_y \end{pmatrix} \begin{pmatrix} x \\ y \end{pmatrix} + \begin{pmatrix} t_x \\ t_y \end{pmatrix} \tag{6.1}$$

式中，(x', y')为变换后的图像坐标，(x, y)为原图像坐标，θ 为顺时针旋转的角度，k_x、k_y 分别为 x、y 方向上的缩放系数，t_x、t_y 分别为 x、y 方向上的平移系数。这些参数可通过上位机计算得到。

通过大量配准实验发现，由于经过严格的光学校正，本系统中的多传感器图像之间的旋转角度非常小，因此配准算法计算出的 θ 值非常接近 0，可以忽略。故式(6.1)可简化为

$$\begin{pmatrix} x' \\ y' \end{pmatrix} = \begin{pmatrix} k_x & 0 \\ 0 & k_y \end{pmatrix} \begin{pmatrix} x \\ y \end{pmatrix} + \begin{pmatrix} t_x \\ t_y \end{pmatrix} \tag{6.2}$$

在配准过程中，根据变换后的图像坐标(x', y')计算得到原图中该点所映射的位置(x, y)，由式(6.2)可推导出逆变换的公式为

$$\begin{pmatrix} x \\ y \end{pmatrix} = \begin{pmatrix} \dfrac{1}{k_x} & 0 \\ 0 & \dfrac{1}{k_y} \end{pmatrix} \begin{pmatrix} x' - t_x \\ y' - t_y \end{pmatrix} \tag{6.3}$$

根据式(6.3)可知，x 和 y 通常都不为整数，因此需要经过插值运算得到变换后图像坐标(x', y')上的像素值。常用的插值方法有最近邻插值、双线性插值、三次插值等。结合插值效果和硬件计算速度，这里选取双线性插值作为插值算法。双线性插值原理如图 6.20 所示。

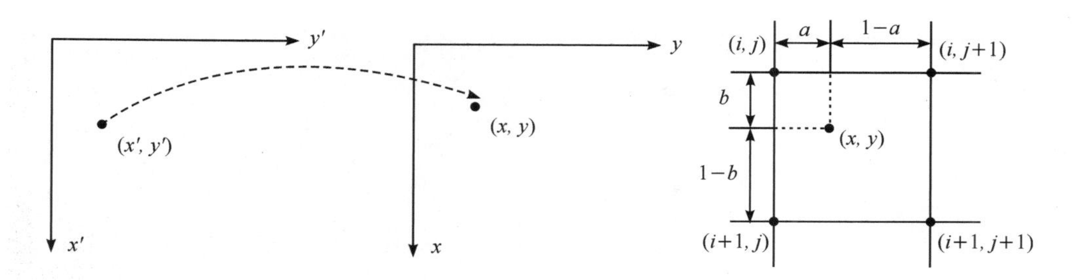

图 6.20　双线性插值原理示意图

双线性插值可描述为：使用缩放后的图像坐标(x', y')和缩放系数 k_x、k_y 得到原图中的插值点坐标(x, y)，利用(x, y)的 4 个最近邻像素点的灰度值以及该点到 4 个相邻像素点的欧氏距离，通过线性比例关系计算得到作为坐标点(x, y)的像素值，继而得到作为像素点(x', y')的像素值。计算过程如下：

$$D_{(x,y)} = (D_{(i,j)}(1-a) + D_{(i,j+1)}a)(1-b) + (D_{(i+1,j)}(1-a) + D_{(i+1,j+1)}a)b \tag{6.4}$$

式中：

$$\begin{cases} i = \left[\dfrac{x}{k_x}\right] \\ j = \left[\dfrac{y}{k_y}\right] \end{cases}\text{（取整数部分）},\quad \begin{cases} a = \left\{\dfrac{x}{k_x}\right\} = x - \left[\dfrac{x}{k_x}\right] \\ b = \left\{\dfrac{y}{k_y}\right\} = y - \left[\dfrac{y}{k_y}\right] \end{cases}\text{（取小数部分）}$$

$D_{(x,y)}$为插值后坐标点(x, y)的灰度值，$D_{(i,j)}$、$D_{(i,j+1)}$、$D_{(i+1,j)}$和 $D_{(i+1,j+1)}$分别是坐标为(i, j)、$(i, j+1)$、$(i+1, j)$和$(i+1, j+1)$的像素点的灰度值。

在 FPGA 实现时，首先利用图像工作站计算某一场景的短波红外图像和中波红外图像间的映射关系，并利用串口将配准参数传递给 FPGA；然后将经过预处理的短波红外图像存入双口 RAM 中，依数据流的先后顺序进行存储，地址即对应着坐标；最后从双口 RAM 中读取数据即提取了对应坐标的像素值。双线性插值的 FPGA 实现流程框图如图 6.21 所示。

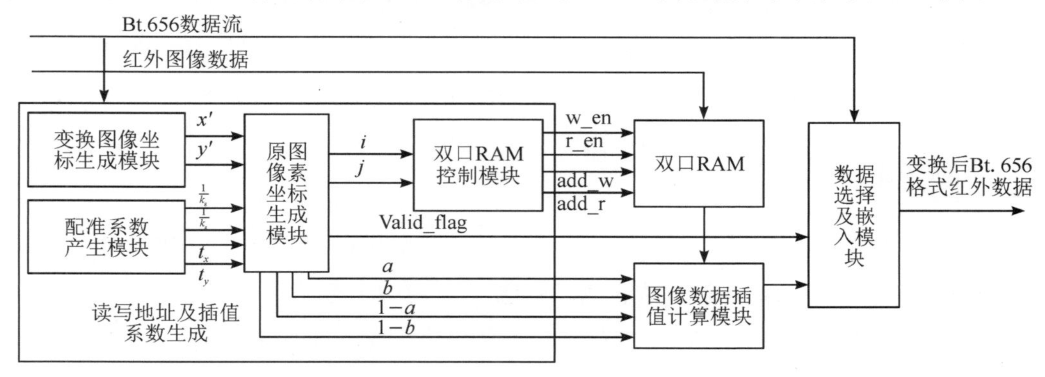

图 6.21　双线性插值的 FPGA 实现流程框图

(a) 短波红外图像

(b) 中波制冷红外图像

(c) 配准前的融合图像

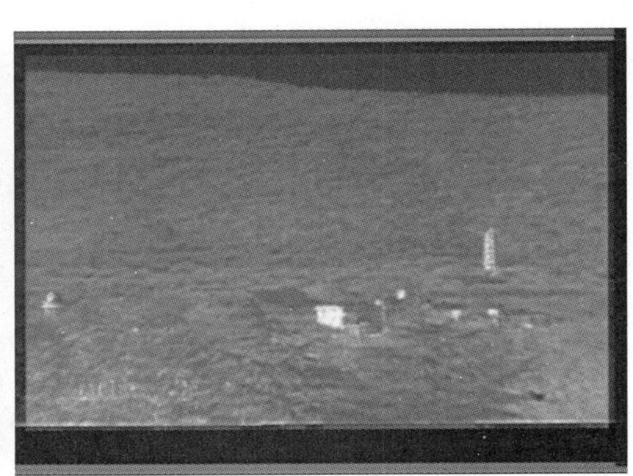
(d) 配准后的融合图像

图 6.22 系统配准前后融合图像对比

下面利用中、短波红外与激光测距融合的信息感知系统采集的图像验证该算法的配准性能。配准结果如图 6.22 所示，其中图 6.22(a)、(b)分别为短波红外图像和中波制冷红外图像，图 6.22(c)为配准前的融合图像(可以发现融合图像异常模糊)，图 6.22(d)为配准后的融合图像。仔细观察可以发现，距离探测器 50 m 处的树木、1 km 处的房屋建筑、2.5 km 处的地震台和 4 km 处的灵谷寺都得到了较好的配准，融合图像边缘清晰。

6.5.2 图像融合功能的实现

图像融合技术是多传感器融合系统的核心技术。常用的图像融合算法有加权平均算法、灰度值取大算法、区域能量算法、Laplace 金字塔算法、色彩传递算法等，在此不再赘述。图 6.23 所示为中、短波红外与激光测距融合的信息感知系统和红外、微光/可见光融合的信息感知系统的融合效果对比图。

(a) 红外、微光/可见光融合的信息感知系统的可见光图像

(b) 中、短波红外与激光测距融合的信息感知系统的短波红外图像

(c) 红外、微光/可见光融合的信息感知系统的长波非制冷红外图像

(d) 中、短波红外与激光测距融合的信息感知系统的中波制冷红外图像

(e) 红外、微光/可见光融合的信息感知系统的色彩传递融合图像

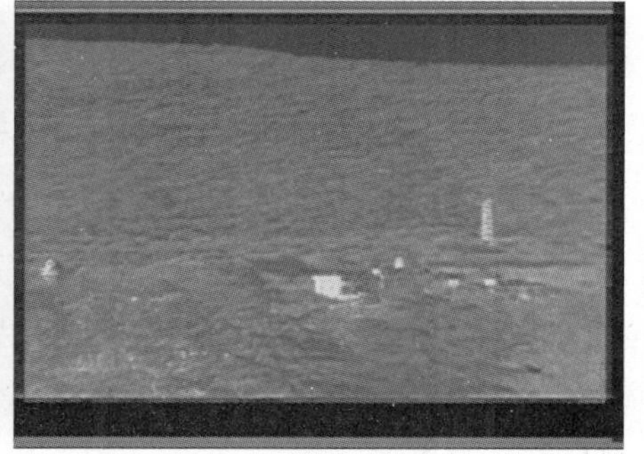

(f) 中、短波红外激光测距融合的信息感知系统的色彩传递融合图像

图 6.23　两组系统的融合效果对比图

通过对比可以发现，红外、微光/可见光融合的信息感知系统的融合图像配准效果不佳，尽管距离探测器 5.1 km 处的中山陵得到了较好的配准，但是近处的建筑都出现了严重的失配问题，且图像存在较大的干扰噪声，图像质量较差；而中、短波红外与激光测距融合的信息感知系统的配准精度更高，距离探测器 4 km 处的灵谷寺、2.5 km 处的地震台以及近处的树木都得到了较好的配准，且图像中没有干扰噪声，图像质量更好。此外，由于短波红外具有较好的透雾效果，融合图像中能够清晰地看到山上树木的纹理。

6.5.3 图像拼接功能的实现

为了得到观测场景的全景图像，本小节采用基于动态视频的拼接技术来设计实时视频图像拼接软件。该软件可以实现对时间上连续播放、空间上有重叠区域的视频序列快速、准确拼接的功能，在保证一定精度的前提下更侧重于实时性，可动态地展现场景中的变换，更有利于实时监控和目标探测。图像拼接的基本流程如图 6.24 所示。

图 6.24 图像拼接的基本流程

在图像拼接过程中，关键技术是图像对齐方法。为了达到实时拼接的目的，这里采用简单有效的重合区域搜索法来完成图像对齐。重合区域搜索法的基本思想是：对两幅待拼接图像选择相同大小的区域 Ω_1 和 Ω_2，计算灰度值差异 F，并对比 F 与误差阈值的大小，若 F 小于 T，则认为两区域重合，否则认为两区域不重合，由此搜索到待拼接图像的重叠区域。假设两幅待拼接图像为 I_1、I_2，大小都为 $M\times N$，重合区域搜索的具体步骤如下：

(1) 在图像 I_1 中选取一固定矩形区域 Ω_1，大小为 $L\times N$；

(2) 以大小为 $L\times N$ 的模板遍历整个图像 I_2，记每次遍历的区域为 Ω_2；

(3) 计算区域 Ω_1 和 Ω_2 的重合度评价函数 F：

$$F=\sum_{i=0}^{L}\sum_{j=0}^{N}(I_1(i, j)-I_2(i, j))^2 \tag{6.5}$$

(4) 若 F 小于 T，则认为 Ω_2 是相对于 Ω_1 的重合区域。

采用上述方法进行图像拼接后，两幅图像拼接处一般会存在明显的裂缝，为了去除裂缝，必须对图像进行平滑处理。这里采用加权平滑算法，使颜色逐渐过渡，避免出现图像模糊和明显的边界。加权平滑算法示意图如图 6.25 所示。

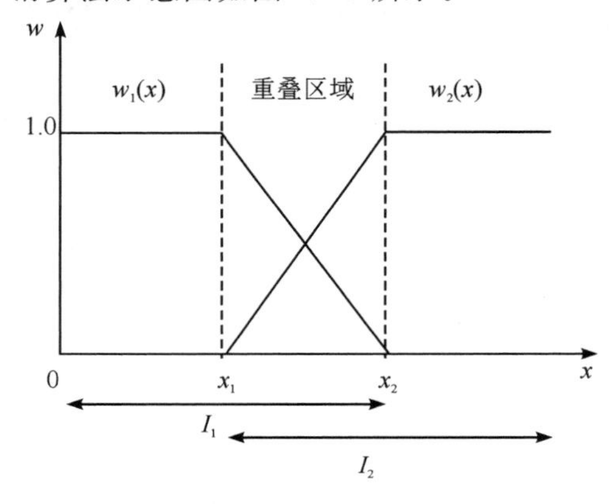

图 6.25 加权平滑算法示意图

相邻图像 I_1、I_2 在区间$[x_1, x_2]$上重叠，$w_1(x)$、$w_2(x)$为加权函数，这里采用的加权函数为

$$w_2(x) = 1 - w_1(x) = 1 - \frac{i}{w} \tag{6.6}$$

式中，$0 \leqslant i \leqslant w$，$w$ 为重叠区域的宽度，于是重叠图像 I 在这个区间上(x, y)点的像素值为

$$I(x, y) = I_1(x, y) \times w_1(x) + I_2(x, y) \times w_2(x) \tag{6.7}$$

在 Windows XP 的操作系统中，利用 Visual Studio 2005 编译开发平台，设计并开发了实时视频图像拼接软件，其总体框架流程图如图 6.26 所示。该软件的主要功能为实时扫描并全景拼接图像，拼接效果如图 6.27 所示。

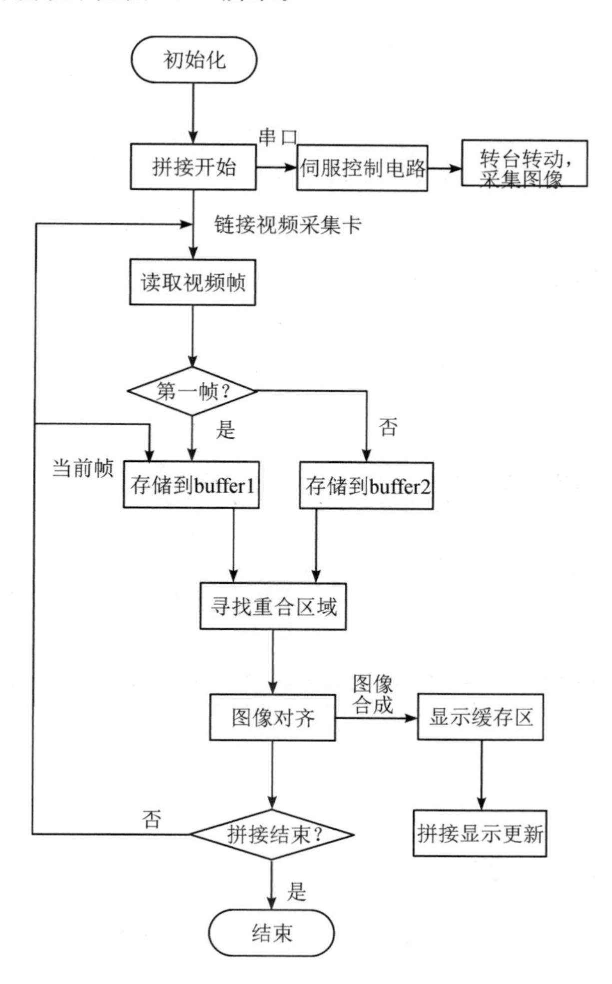

图 6.26　实时视频图像拼接软件总体框架流程图

(a) 短波红外全景拼接图像

(b) 中波红外全景拼接图像

图 6.27 拼接效果

6.5.4 目标测距功能的实现

光电转台内部安装的激光测距仪为目标识别和跟踪功能的实现提供了有效的保障。通过前端光学测试系统校正可使激光光轴与短波红外、中波红外探测器光轴平行。在进行测距时，只需要将图像中心十字分划线对准探测目标，发送测距指令，激光测距仪便能够将目标距离通过串口反馈给图形工作站，并在显示器上显示。图 6.28 给出了两组激光测距效果图。如图 6.28(a)所示，在单通道模式下对灵谷寺进行测距，灵谷寺到探测器的距离为 4034 m，通过中波红外探测器可以清晰地观察到灵谷寺塔顶(塔顶面积约 2 m×2 m)，同样也能够清晰地观察到 5 km 以外的坦克目标(目标大小约为 3 m×3 m)。在融合模式下对中山陵进行测距，效果如图 6.28(b)所示，中山陵到探测器的距离为 4170 m。

(a) 灵谷寺测距效果图

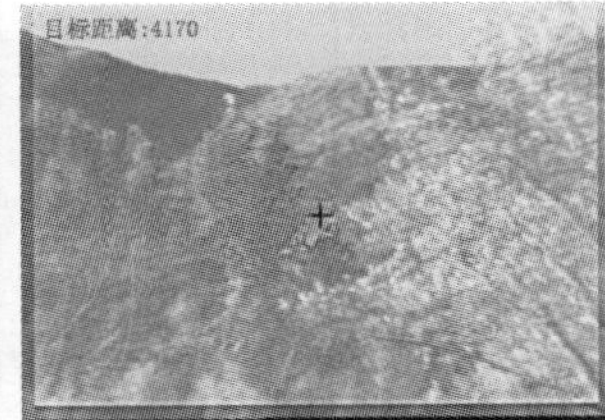

(b) 中山陵测距效果图

图 6.28 激光测距效果图

6.5.5 目标分割和跟踪功能的实现

目标分割和跟踪功能能够帮助观测者有效地识别可疑目标，并对目标进行锁定和跟踪，是融合系统智能化的体现。在实际方案设计时，首先利用目标显著性原理分割出图像中的显著目标，并通过迭代阈值分割法对显著目标进行分割；然后对分割过程中目标图像内部可能出现的空洞和噪点，采用图像闭操作来进行优化；最后提取分割目标的质心坐标，锁定质心进行跟踪。图 6.29 为目标分割和跟踪系统算法流程图。

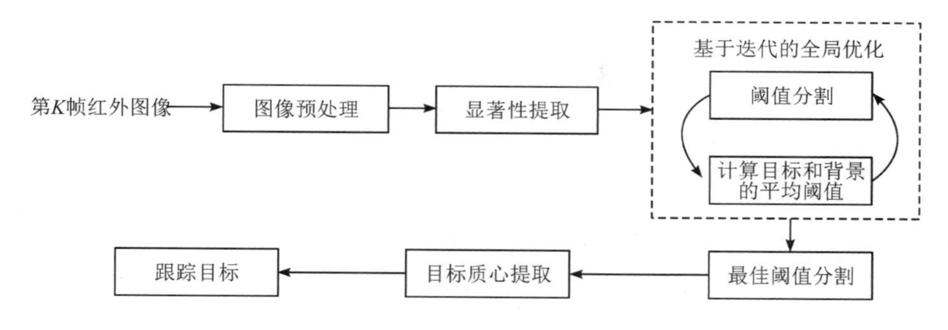

图 6.29　目标分割和跟踪系统算法流程图

1. 目标显著性分析

图像的视觉显著性可以作为衡量红外图像目标凸显程度的评价准则。这里采用第 2 章中 Achanta 提出的基于频率协调的显著区域检测方法进行目标显著性分析。该方法具有较高的图像分辨率、清晰的边界，且算法简单，易于实现。

2. 迭代法阈值分割

数字图像处理常见的图像分割方法如下：

(1) 基于阈值的分割方法。此类方法的基本思想是基于图像的灰度特征来计算一个或多个灰度阈值，并将图像中每个像素的灰度值与阈值相比较，最后根据比较结果将像素分到合适的类别中。

(2) 基于边缘的分割方法。所谓边缘，是指图像中两个不同区域的边界线上连续的像素点的集合，是图像局部特征不连续性的反映，体现了灰度、颜色、纹理等图像特性的突变。通常情况下，基于边缘的分割方法指的是基于灰度值的边缘检测，它是建立在边缘灰度值会呈现出阶跃型或屋顶型变化这一观测基础上的方法。

(3) 基于区域的分割方法。此类方法是将图像按照相似性准则分成不同的区域，主要包括种子区域生长法、区域分裂合并法和分水岭法等几种类型。

由于基于边缘和区域的分割方法计算复杂、实时性差，不适合实验场景，因此采用基于阈值的分割方法进行数字图像处理，该类方法最为关键的一步就是按照某个准则函数来求解最佳灰度阈值。在阈值分割中，主要考虑的是 OTSU 算法和迭代法。从实验的结果来看，迭代法更适合实际场景。

迭代法的原理：首先定义一个初始阈值，然后通过对图像的多次计算求解最佳阈值。迭代法阈值分割流程图如图 6.30 所示。

迭代法阈值分割处理流程如下：

(1) 为全局阈值选择一个初始阈值 T_0(图像的灰度均值)。

(2) 用 T_0 分割图像。产生两组像素：区域 A 由灰度值大于 T_0 的像素组成，区域 B 由灰度值小于等于 T_0 的像素组成。

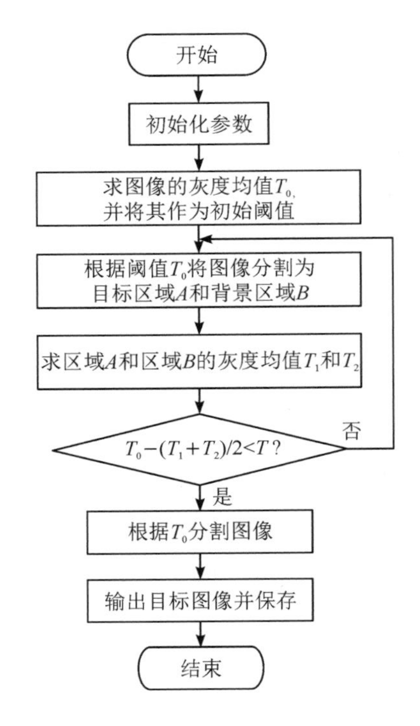

图 6.30 迭代法阈值分割流程图

(3) 计算区域 A 和 B 像素的灰度均值 T_1 和 T_2。

(4) 计算一个新的阈值：$T_0=(T_1+T_2)/2$。

(5) 重复步骤(2)和(4)，直到连续迭代中的 T_0 值之间的差小于一个限定值 T 为止。

迭代法采用的是基于逼近的思想，如果迭代次数过多，代码的运行复杂度相应增大，将初始阈值设为图像的灰度均值，可以减少迭代次数。迭代的终止条件是将前景目标和背景的灰度均值之和$(T_1+T_2)/2$与分割阈值 T_0 作差，若差的绝对值小于限定值 T，则迭代终止。T 值设置得越小，迭代次数越多。为保证系统的实时性，在保证目标分割准确性的前提下选择 $T=0.5$。

3. 图像闭操作

对图像进行分割后，目标图像内部会出现空洞，目标周围会出现一些噪点，需要进行优化。图像闭操作相当于先膨胀后腐蚀的过程，可以消除狭窄的间断和长细的鸿沟，消去小的空洞，并填补轮廓线中的断裂。膨胀和腐蚀这两种操作是形态学处理的基础，许多形态学算法都是以这两种操作为基础的。

A 被 B 膨胀的操作定义为

$$A \oplus B=\{z \mid (\hat{B})_z \cap A \neq \varnothing\}$$

将结构元素 B 看作一个卷积模板，膨胀操作过程如下：

(1) 用结构元素 B 扫描图像 A 的每一个像素。

(2) 用结构元素与其覆盖的二值图像做“与”操作。

(3) 如果“与”操作后的结果都为 0，则图像中的该像素为 0，否则为 1。

B 对 A 进行腐蚀的操作定义为

$$A \Theta B = \{z \mid (B)_z \subseteq A\}$$

将结构元素 B 看作一个卷积模板，腐蚀操作过程如下：

(1) 用结构元素 B 扫描图像 A 的每一个像素。

(2) 用结构元素与其覆盖的二值图像做“与”操作。

(3) 如果“与”操作后的结果都为 1，则图像中的该像素为 1，否则为 0。

4. 红外目标质心跟踪算法

首先通过图像闭操作较为准确地将目标进行分割，然后取分割出来的目标最左点的横坐标作为波门的左边界，最右点的横坐标作为波门的右边界，最上点的纵坐标作为波门的上边界，最下点的纵坐标作为波门的下边界，从而构建出一个长方形的波门。分割目标就在这个波门内部，波门内部灰度值为 1 的点是目标，灰度值为 0 的点是背景。

假设一幅原始图像 $f(x, y)$ 经过阈值 T 分割后的二值化图像 $g(x, y)$ 定义为

$$g(x, y) = \begin{cases} 0, & f(x, y) \leqslant T \\ 1, & f(x, y) > T \end{cases} \tag{6.8}$$

则可利用波门区域的二值化图像及其行、列坐标计算目标质心坐标，即

$$x_c = \frac{\sum_{x=0}^{M-1} \sum_{y=0}^{N-1} x g(x, y)}{\sum_{x=0}^{M-1} \sum_{y=0}^{N-1} g(x, y)} \tag{6.9}$$

$$y_c = \frac{\sum_{x=0}^{M-1} \sum_{y=0}^{N-1} y g(x, y)}{\sum_{x=0}^{M-1} \sum_{y=0}^{N-1} g(x, y)} \tag{6.10}$$

式中，(x_c, y_c) 就是所求的质心坐标。

5. 实验结果与分析

完成显著性目标识别与跟踪的理论分析后，在 VS2010 平台上使用 MFC＋OPENCV 进行软件仿真(电脑主频为 1.8 GHz，内存为 4G)。仿真软件界面如图 6.31 所示，可以按照

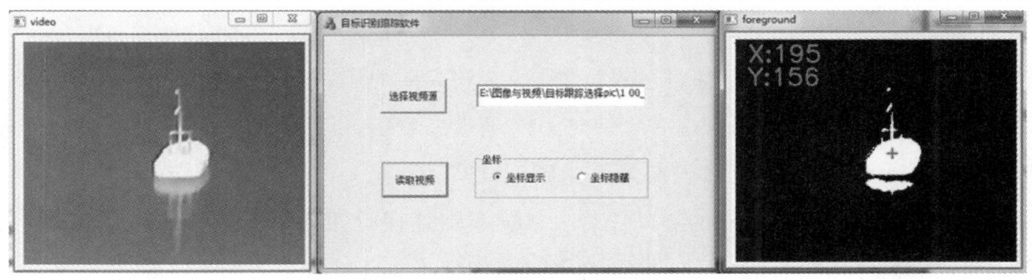

图 6.31　仿真软件界面

路径选择视频，读取视频并实时显示目标质心坐标。

为了通过实验验证目标分割方法的性能，在不同场景下对不同大小的目标进行了视频采集和仿真。图 6.32 所示为不同场景的实验结果，图中 X、Y 值为目标质心坐标。

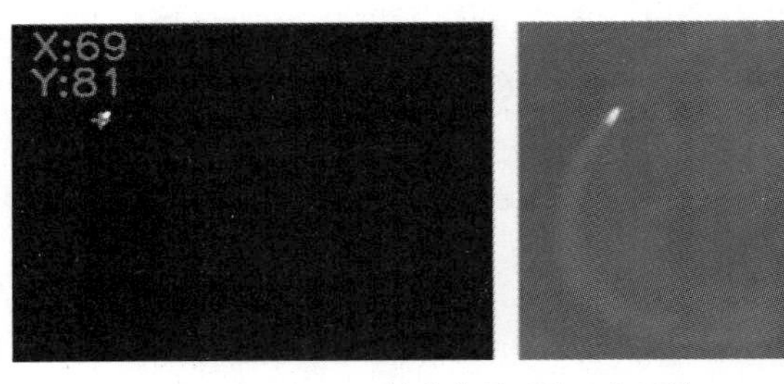

(a) 简单背景下单一小目标

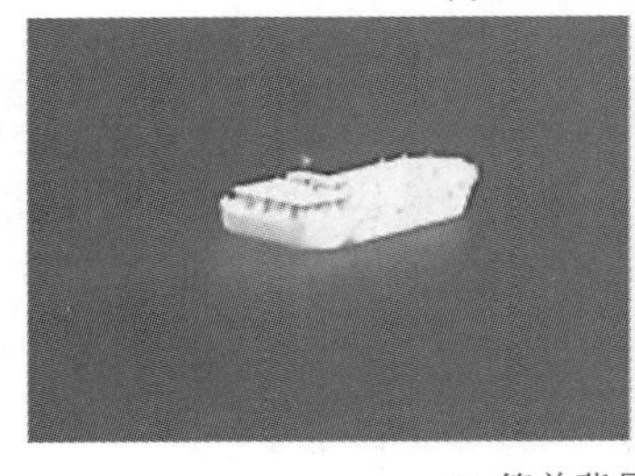

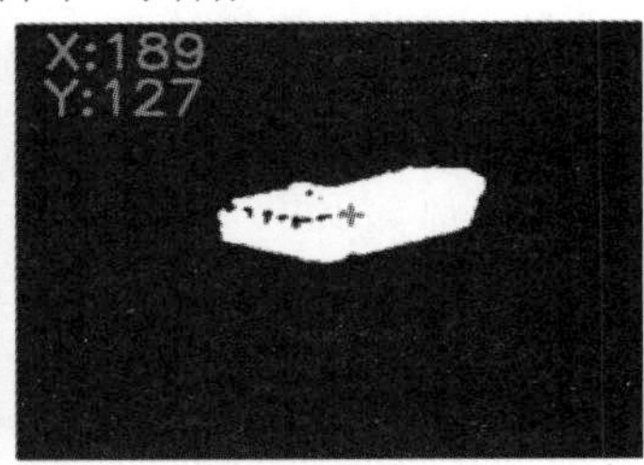

(b) 简单背景下单一大目标

(c) 简单背景下多个小目标

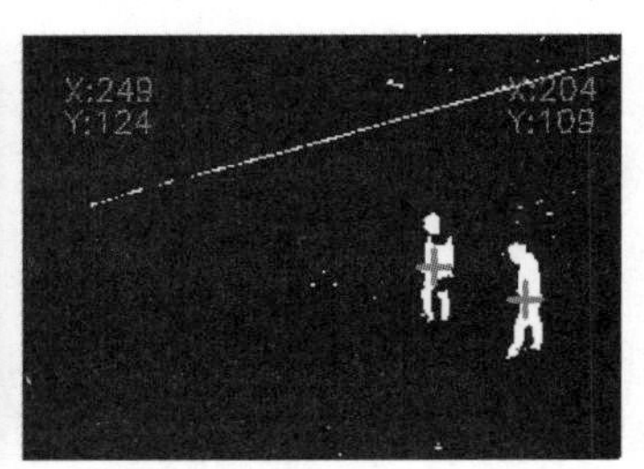

(d) 复杂背景下多个目标

图 6.32　不同场景的实验结果

为了检验算法的目标识别概率，针对不同场景采集了 30 段视频，每段时长 25 s，外场实验的结果显示红外图像正确识别概率达到 100%。

针对分辨率为 768×576 的红外图像，目标跟踪处理时间均值不大于 32 ms，对于分辨率为 384×288 的红外图像，目标跟踪处理时间均值不大于 8 ms。图 6.33 给出了不同分辨率红外图像处理时间分析。

(a) 处理320×240的图像平均耗时

(b) 处理768×576的图像平均耗时

图 6.33　算法耗时分析

为了验证算法的实时性，首先获得机器内部计时器的时钟频率。然后在事件发生前和发生后分别获取时钟计数值，利用两次获得的计数时差和时钟频率，计算出事件经历的精确时间。通过实验验证，分辨为 320×240 的图像的平均耗时约为 7.76 ms，分辨率为 768×576 的图像的平均耗时约为 31.61 ms，满足实时性要求。

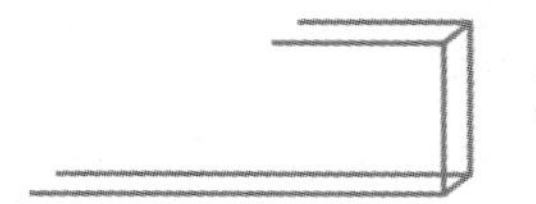

本章小结

为了提高多传感器融合系统的配准精度，提升图像融合质量，本章重点介绍了中、短波红外与激光测距融合的信息感知系统的设计过程。通过选用中波制冷红外热像仪和短波 InGaAs 红外热像仪，解决了传感器成像质量不佳导致的图像融合效果较差的问题。通过增加激光测距仪解决了目标测距、识别和跟踪的问题。通过选用高精度、具有稳像功能的光电转台，解决了系统转动精度低、稳定性差的问题。通过噪声成分分析，找到和去除系统中的各种噪声，解决了电磁干扰问题。通过设计 FPGA 核心处理电路，将本章提出的图像配准算法进行了硬件实现。本章所设计的系统具有图像配准、图像融合、图像拼接、目标距离探测、目标分割和跟踪等功能。为了保证各功能的有效实现，设计了人性化的上位机操控软件，方便用户对整个系统进行有效的操作控制。实验结果显示：该系统输出的融合视频配准精度高，融合质量好，系统具备全景拼接图像的功能，图像拼缝处过渡平滑，没有畸变和失真，同时系统能够精确测量 5 km 以内的目标距离，也能够识别和跟踪 5 km 以内的坦克目标(3 m×3 m)，满足各项技术指标要求。

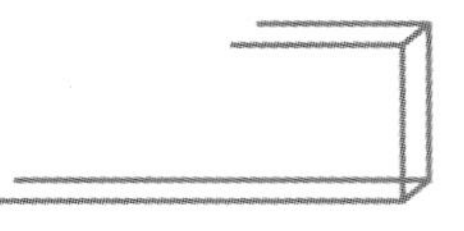

本章参考文献

[1]　丁利伟，甘宇红，王宗俐，等. 中波红外和长波红外探测系统性能的比较与选择[J]. 红外，2014，35(5)：1-6.

[2]　潘京生，孙建宁，金戈，等. 铟镓砷焦平面阵列在微光夜视应用中的潜力及前景[J]. 红外技术，2014(6)：425-432.

[3] 闵超波. 红外视频运动目标分割与融合检测技术研究[D]. 南京：南京理工大学，2015.

[4] 田思. 微光与红外图像实时融合关键技术研究[D]. 南京：南京理工大学，2010.

[5] 闵超波，张俊举，常本康，等. KALMAN 滤波和 PI 控制融合的光电转台控制方法研究[J]. 兵工学报，2013，34(10)：1334-1340.

[6] 沙占友. EMI 滤波器的设计原理[J]. 电子技术应用，2001，27(5)：46-48.

[7] 季玲玲，邱亚峰，张俊举. 基于图像融合的视频监控系统设计[J]. 应用光学，2012，33(6)：1063-1068.

[8] 陈云川. 红外与微光融合夜视系统研究[D]. 南京：南京理工大学，2016.

[9] 曾文锋，李树山，王江安. 基于仿射变换模型的图像配准中的平移、旋转和缩放[J]. 红外与激光工程，2001，30(1)：18-20.

[10] 尤玉虎，周孝宽. 数字图像最佳插值算法研究[J]. 中国空间科学技术，2005，25(3)：14-18.

[11] 胡测. 基于 FPGA 的便携式红外与可见光图像融合系统研究[D]. 南京：南京理工大学，2014.

[12] 窦亮. 实时图像融合算法及其 FPGA 实现[D]. 南京：南京理工大学，2014.

[13] 韩博. 手持式红外与可见光图像融合系统研究[D]. 南京：南京理工大学，2015.

[14] BROWN M，LOWE D G. Automatic Panoramic Image Stitching using Invariant Features[J]. International Journal of Computer Vision. 2007，161(74)：59-74.

[15] HAQUE M J. Improved Automatic Panoramic Image Stitching [M]. London：LAMBERT Academic Publishing，2012.

[16] LU Y，JIANG T，ZANG Y. Region growing method for the analysis of functional MRI data[J]. Neuroimage，2003，20(1)：455-466.

[17] 张晓梅，王诚梅，韩琥. 基于区域的烟尘图像分割方法[J]. 计算机工程与应用，2008，44(13)：193-196.

[18] 王科伟，马超杰，陈炜，等. 红外成像波门形心跟踪算法的误差分析[J]. 应用光学，2009，30(2)：353-356.